U0625105

别在该奋斗的时候

杨根深——著

选择安逸

吉林出版集团股份有限公司

图书在版编目（CIP）数据

别在该奋斗的时候选择安逸／杨根深著. — 长春：
吉林出版集团股份有限公司，2017.11

ISBN 978-7-5581-4651-0

Ⅰ.①别… Ⅱ.①杨… Ⅲ.①人生哲学 – 通俗读物
Ⅳ.①B821-49

中国版本图书馆CIP数据核字（2018）第099924号

别在该奋斗的时候选择安逸

著　　者	杨根深	
责任编辑	王　平　史俊南	
特约编辑	李婷婷	
封面设计	象上品牌设计	
开　　本	880mm×1230mm　1/32	
字　　数	130千字	
印　　张	7	
版　　次	2018年6月第1版	
印　　次	2018年6月第1次印刷	

出　　版　吉林出版集团股份有限公司
电　　话　总编办：010-63109269
　　　　　　发行部：010-81282844
印　　刷　北京京丰印刷厂

ISBN 978-7-5581-4651-0　　　　　　　　　　定价：46.00元
版权所有　侵权必究

目 录

第七章

**别为贪图安逸
寻找借口**

第八章

**激发潜能，
你将遇见不一样的自己**

第一章

无论你有怎样的文凭，

都需要时时充电

不断学习，就能不断升级

成功需要不断升级，只有不断升级，才能不断获得成功。那么，我们该怎样去不断升级呢？那就是不断学习，用知识武装头脑。

中国有句古语，叫"书中自有黄金屋"。虽然时代背景发生了变化，但这句古话到现在也没有错，因为勤奋学习终究会有回报。

史蒂芬·斯皮尔博格在36岁时就成为世界知名的制片人，在电影史上十大卖座的影片中，他个人囊括四部。那么，他是怎样取得这么出色的成绩的呢？

17岁那年的某天下午，他参观了环球制片厂，从此改变了他的一生。他先是偷偷地观看了一场实际电影的拍摄，再与剪辑部的经理谈了一个小时，然后就结束了参观。

对许多人而言，故事或许便到此为止了，但斯皮尔博格可不一样，他知道自己要做什么了。从那次参观中，他就知道了自己的目标，同时也知道了他实现目标的唯一方法就是不断学习。

第二天，他穿了套西装，提起他老爸的公文包，里面塞了一块三明治，再次来到拍摄现场，假装是那里的工作人员。当天他故意避开了大门守卫，找到一辆废弃的手拖车，用一个个塑胶字母在车门上拼成"史蒂芬·斯皮尔博格"、"导演"等字样。然后，他利用整个夏天去认识各位导演、编剧、剪辑，终日流连于他梦寐以求的世界里，从与别人的交谈中学习、观察并萌发出越来越多关于电影制作的灵感来。同时他还通过书籍、观摩影片等各种方式学习电影知识。

终于，在他二十岁那年，他成为一名正式的电影工作者。他在环球制片厂放映了一部他拍的不错的片子，因而签订了一纸7年的合同，导演了一部电视连续剧，终于实现了梦想。

从斯皮尔博格的成功之路中我们可以看出，一旦你定下所追求的目标后，首要的就是善于学习，通过不断升级为自己铺就成功的道路。

但是，在学校里学习的知识是远远不够的，因为知识在不断更新，尤其在信息时代。西点军校前任校长米尔斯曾说："每个人所受教育的精华部分，就是他自己教给自己的东西。"学校里获取的教育仅仅是一个开端，其价值主要在于训练思维并使其适应以后的学习和应用。

作为"全球第一女CEO"，卡莉·菲奥莉娜女士不管出现在什么场合，她的金色短发、美丽容貌、红色套装以及自信而乐观的微笑都叫每个人着迷。而让人倾倒的，绝不仅仅是她的女性魅力，更是她作为一个权势女人所表现出来的坚强、果断和魄力。很多人都想知道从秘书工作开始了职业生涯的她是如何提升自我价值，一步步走向成功，并最终从男性主宰的权力世界中脱颖而出的。

卡莉·菲奥莉娜并不是搞技术出身，但为什么有能力管理这么多技术人才？卡莉说首先因为她一直在技术公司工作，知道技术是什么，对技术有宏观的了解，同时也了解领导力和管理方面的东西。换句话说，她知道自己懂什么，同样也知道自己不懂什么。所以她的一个很大贡献就是，虽然她不理解如何利用技术制造产品，但她知道怎么使用技术。对于自己不懂的知识，她就不断学习。

卡莉认为，不断学习是一个CEO成功的最基本要素。在HP，不只是卡莉需要在工作中不断学习，整个HP都有鼓励员工学习的机制。每过一段时间，大家就会坐在一起，相互交流，了解对方和整个公司的动态，了解业界的新动向。这些能够保证大家紧跟时代步伐、在工作中不断自我更新。

　　从卡莉的经历中可以看出，很少有人能具备与生俱来的成功素质，真正成功的人都是在工作中不断积累经验、不断学习从而为成功作好铺垫的。因此，要想在未来的日子里有所收获，就要不断学习，锻炼自己的学习力，不断升级自己。

不断地学习，才能取得更大的成就

日新月异的社会让大家对新事物应接不暇。要应对千变万化的世界，必须努力做到活到老、学到老，要有终生学习的态度。风华正茂的年轻人，正处于学习的黄金时期。可是很多年轻人并没有意识到自己的优势，浪费了大好的青春。

殊不知，一个人如果不及时更新自己的知识，很快就会进入所谓的"知识半衰期"。据统计，当今世界九成以上的知识是近三十年产生的，知识半衰期只有五至七年。现代社会的知识寿命大为缩短，知识淘汰的速度正在逐渐加快，过去所学习的知识会很快过时。而且，人的能力就像蓄电池里的电一样，会随着时间而逐渐流失。人们的知识需要不断"加油"、"充电"，否则很快就会在现代社会中失去能量。

大导演斯蒂芬·斯皮尔伯格决定回到加州大学修完当年还没有修完的电影系学分。

1965年，斯蒂芬·斯皮尔伯格在加大电影系读二年级时拍了一部24分钟的短片，参加亚特兰大电影节。好莱坞的投资者看后，马上与他签约，斯皮尔伯格因此辍学，到好莱坞发展。事实证明这一步走得很对，如果他当年不把握机会，坚持要完成学业，他或许成不了大师。

但40年过去了，斯皮尔伯格虽然功成名就，但还是选择了回校学习。斯皮尔伯格回到大学，用假名重新注册插班，用假名考试交卷，只有几个教授知道他的真实身份。

知识是没有一本万利的。有人说，未来社会的竞争将逐渐从知识竞争转向学习能力的竞争。无论对于个人还是集体，学习都是不可缺少的一个环节。没有好学之心，个人就不能进步；没有好学的氛围，集体的发展也会停滞不前。如果你每天花一个小时的时间来学习你不知道的知识，那么在五年之后，你就会惊讶于它给你的生活带来的影响。

有一家小公司被一家德国跨国集团兼并后，公司新总裁宣布：公司不会随意裁员，但如果员工的德语太差，以致无法和其他员工交流，那么他很有可能被裁掉。公司将通过一次考试来检验他们的德语水平。

当其他的员工都拥向图书馆开始补习德语时，只有一位叫普莱尔的员工和往常一样，没有表现出紧张的神情。其他人认为他可能已经放弃这个职位了。但是当考试成绩公布后，普莱尔的成绩却是最高的。领导根据成绩外加上其他几项考核，决定任命普莱尔担任集团公司的大区总经理。

原来，普莱尔自从大学毕业来到这家公司后就发现，同别人相比，自己无论是在知识上还是在经验上都没有特别突出的地方。从那时起，他就开始通过各种形式的学习来实现自我提高。公司的工作虽然很忙，但是普莱尔每天都坚持学习新的知识和技能。因为是在销售部工作，他看到公司有很多德国客户，但自己不懂德语，每次与客户的往来邮件与合同文本都要靠公司的翻译帮忙，翻译不在或兼顾不上的时候，自己的工作就要受影响。虽然公司没有明文规定要学德语，但普莱尔还是自觉地学起了德语。

他通过积极地学习，增加了自己的技能，也给自己带来了新的机遇。

显而易见，普莱尔把自己的业余时间用来学习，为自己的事业积累"知本"，终有一天，这些"知本"成了他事业前进的推动力。也可以毫不夸张地说，有这种"知本"意识的人，想不成功都难。

没有付出就不会有收获，每天学习一点点，每天进步一点点，天长日久，就是一个质的飞跃。"学如逆水行舟，不进则退"，只有不断地学习、不断地进步，才能让自己获得更大的成就。

不争一时输赢，只求成长

对于年轻人而言，一时的输赢并不重要，成长的经历才是最重要的，人只有在不停地犯错、改正中才能完成他的成长历程。胜败乃兵家常事，但很多年轻人却忽略了古人留下来的真理，他们过于计较输赢，过于关注得失，结果只能是累垮了自己的身体，伤害了自己的心灵，让年轻的自己走不出障眼的迷雾。

诚然，每一次的胜利都会给你愉快的心情、自信的心态、奋斗的欲望、前行的动力，而每一次的失败也同样会给你宝贵的经验、坚强的心态、不服输的欲望和战胜困难的决心。然而很多人没有意识到这一点，他们只接受成功，不接受失败，当失败来临的时候，他们宁愿做一只胆小的鸵鸟，把头埋入沙堆中，不让自己看到失败的局面，也不让自己继续赶路，让成长的路程戛然而止。事实上，年轻好胜的你，应该既重视输，也珍视赢，接受它们共同带来的成长经验。

众所周知，马拉松比赛从第一届奥运会起就被列入比赛项目，但历届马拉松比赛的距离都是不相等的，而1908年的马拉松比赛由于王室成员前来观赛，因此它设定了专门的起止点。

那一年，身着19号运动衫的意大利糖果商多兰多·皮特里从比赛一开始就跑在前面，他身材矮小，但步伐轻快，渐渐地，他精疲力竭，先是跑错了方向，后因疲劳过度几次摔倒，但每次他都挣扎着爬起来，又向前跑去。在离终点15米处，他又一次倒下了，并没能再爬起来。两位好心的医生搀扶着他走到了终点。

对于多兰多·皮特里而言，这一次的马拉松比赛他确实是失去了获金牌的资格，但是他却被永久地载入了奥林匹克运动史，英国王后还奖励给他一个与冠军一样大小的奖杯，表彰他不争输赢、重在参与的奥运精神。

在伦敦圣保罗大教堂举行的一次宗教仪式上，英国大主教彼得有感于此次马拉松比赛而说出了流传至今的名言：“奥运会重要的不是胜利，而是参与。”这句话深深感动了在场的现代奥运之父——法国人普莱尔·顾拜旦，于是，他将这句话定为奥林匹克运动的口号之一。

在我们的成长历程中，也要培养自己不论输赢，重在参与的乐观心态，因为只有在参与中，才能得到成长和锻炼。如果因为害怕失败而放弃了参与锻炼的机会，恐怕只能止步不前。"重在参与"已经不仅仅是一句奥运比赛的宣传语，而是衍生成了一条人生哲理。

人生是一个过程，而不是一个定格，我们不能把目光仅仅局限在今天，要学会用长远的目光看待生活。把眼光放远，就是看轻今天的输赢得失，相信自己的明天会更好。

"风物长宜放眼量"，对于人生这道风景，你也要用长远的目光来观赏。倘若只盯在一分一厘的得失、一时一事的挫折上，没有看到人生是一个既有阳光也有风雨、既有得意也有失意的过程，那么将是非常可悲的。渴望在未来获得成功的你，尤其要学会用长远的目光来看待生命的历程，把成长放在首位，才能迅速成为卓越人才。

向自己的极限挑战

有人说，在成功的道路上，每个人都是一座山。世上最难攀越的山，其实是自己。不断往上走，即便只是一小步，也能到达新的高度。超越竞争者是一种能力，超越自己更是一种精神。迈向成功就像登山，也许峰顶的目标看起来高不可攀，但每向前一步，距离目标就更近一步。不要去攀比其他的登山者，只要踏踏实实地走好自己的路，真诚地付出努力，那么每一步都是一个胜利的超越，都是对自己此前纪录的刷新。

聪明的约翰自认为是个聪明人，但他一生业绩平平，没能成就任何一件大事。而自觉很笨的汤姆却从各个方面充实自己，一点点地超越着自我，最终成就了非凡的业绩。

约翰愤愤不平，以致郁郁而终。他的灵魂飞到天堂后，质问上帝："我的聪明才智远远超过汤姆，我应该比他更伟大才是，可为什么你却让他成了人间的卓越者呢？"

上帝笑了笑说："可怜的约翰啊，你至死都没能弄明白：我把每个人送到世上，在他生命的'褡裢'里都放了同样的东西，只不过我把你的聪明放到了'褡裢'的前面，你因为看到或是触摸到自己的聪明而沾沾自喜，以致误了你的终生。而汤姆的聪明却被放在了'褡裢'的后面，他因看不到自己的聪明，便总是在仰头看着前方，所以，他一生都在不自觉地迈步向前。"

的确，只有抬头向前，不断地超越自己，才能获得成功。而生命的价值正在于不断地超越自己，只有不断地超越自己，才能保持饱满的精神状态，迎接新的挑战；只有不断地超越自己，才能让明天更美好；只有不断地超越自己，才能让生命越来越有价值。超越自己，就是不断地扬弃，不断地创新，不断地跨越，不断地延伸，不断地否定自己，认识自己，向自己挑战。

在一个日本趣味竞赛节目中，有一次大食王比赛，一位其貌不扬的三届女冠军，用骄傲的眼神看着与自己竞争的伙伴，因为她认为他们不够认真，因为他们试图保存实力。

在最后一关时，她的成绩已经遥遥领先了。她依旧无视旁人的存在，按自己的节奏吃下去。

"我是向自己的极限挑战。"她一语道破自己的成功秘诀。

人就是要不断地提升自己，不断地超越自己，朝着更好更高的目标不断努力。其实，有些人不敢超越自己，是因为他们有自卑心理。他们觉得，自己比别人出身差，比别人运气差，比别人智商低……于是，不敢超越自己的人就在自卑的心理状态下更加不敢向前，更别提超越自己了。而许多杰出人士在小小年纪时，就怀有大志，就想与众不同，无论出身有多卑微，无论遭遇过任何磨难，仍相信自己是最好的。

无论是谁，都要明白这样的道理，你的自信有多强，你的路就有多长。不要左顾右盼别人路上的风光，增添自己的烦恼，扰乱自己前进的步伐。在人生的道路上，我们一定要专注于自己，不断地把自己作为超越的对象，这样，才能一步步迈向成功。

当你感到疲倦感到希望渺茫的时候，请不要放弃。要告诫自己，不要在这一刻放纵自己。请坚持下来，即使没有昨天那样昂扬的激情，也要继续如昨天那样踏实地努力。随着你的努力，当你再一次感到振奋而充满希望时，你就又一次超越了自己，又一次拉近了与成功的距离。

英国作家约翰·克莱斯可以说是全世界数一数二的多产作家。他一共出过564部小说，如果以一年出10本来算，他花了将近五六十年的时间在写小说。

出了那么多书，你可能会以为他是百战百胜的作家，那你就错了，他曾经被退稿达753次。但是他每一次被退稿后，都坚持继续超越自己。

其实，人生在世，每个人都有自己独特的禀性和天赋，每个人都有自己独特的实现人生价值的切入点。你只要按照自己的禀赋发展自己，不断地破解心灵的枷锁，你就不会忽略了自己生命中的太阳，而湮没在他人的光辉里。所以，只有不断超越自我的人，才能成为一名真正成功的人。

不断为自己充电

"就算你们把我剥个精光，扔进沙漠，只要有一支驼队经过，我仍然可以创造今时今日的辉煌。"

这是洛克菲勒当年一句影响了无数美国人的励志名言。此后的日子，这句话也在深深地激励着无数的人，使人们的内心充满无比的自信和对成功的孜孜以求。

美国著名政治家艾尔因为家贫，小学未毕业就辍学了。依靠勤奋努力，他30岁当选为纽约州议员。这时他的知识依然贫乏，甚至看不懂那些需要他表决的法案。但艾尔没有气馁，依旧每天坚持读书，如饥似渴地学习，有时他一天要读书16小时。而且，他将读书的习惯坚持了一辈子。在当选为纽约州州长的时候，艾尔已经成了一个学识渊博的人。他曾四度出任纽约州州长，并先后有六所大学授予他名誉学位。

很多优秀人物从不认为自己的学问已经够用。相反，他们几乎一致认为自己所知甚少，需要靠不断学习才能满足工作的需要。更可贵的是，他们不是把某些莫名其妙的知识装在脑袋里以炫耀自己的才情，而是将知识随时应用于实践，并在实践中改进提升，形成自己的独特思想。所以，他们的事业也始终处于上升状态。

NBA球星迈克·詹姆斯就是这样一个不断提升自己的人。

在NBA，有许多叫詹姆斯的球员，但这个迈克·詹姆斯却绝对不简单。一方面，迈克·詹姆斯是NBA的一位不折不扣的"流浪球员"。从他2001年进入NBA，在此后的七个赛季中，詹姆斯一共换了八支球队。在活塞队期间，他为自己赢得了金光灿灿的总冠军戒指。另一方面，迈克·詹姆斯随时都在为自己充电。他没有参加过NBA选秀。2001年7月20日，他以自由球员的身份和热火签约，此后便一直在边战斗边成长。

2008年，还在火箭打后卫的迈克·詹姆斯出席在斯坦福大学举办的球员商机发展联合会，接受职业生涯规划的教育。迈克·詹姆斯曾在杜昆大学获得儿童心理学学士学位，他希望斯坦福大学的课程能有助于他日后成为一个商人。

有追求的人都是幸福的，因为他知道明天的路该往哪里走。而在这条路上，每个人的走法都会不同，关键是看你更在乎的是什么。如果发现自己迷惑了，失去方向了，那就静下心来看一看、想一想，该"充电"时就"充电"，这是你往上走的"台阶"。

年轻的彼得·詹宁斯是美国ABC晚间新闻的当红主播。他虽然连大学都没有毕业，但却把事业作为他的教育课堂。在当了三年主播后，他毅然决定辞去人人羡慕的职位，到新闻第一线去磨炼，干起记者的工作。

他在美国国内报道了许多不同地区的新闻，并成为美国电视网第一个常驻中东的特派员。后来他搬到伦敦，成为欧洲地区的特派员。经过这些历练后，他又重回ABC主播台的位置。此时，他已成长为一名成熟稳健而又大受欢迎的记者。

比尔·盖茨说过："一个人如果善于学习与思考，他的前途就会一片光明。而一个良好的企业团队，每一个组织成员都是那种迫切要求进步、努力学习新知识的人。"

意大利著名演员萨尔维尼也曾经说："最重要的是，要学习、学习、再学习。你一定要努力，否则，再有才华也会一事无成。"

很多人将自己的失败归咎于环境不好，认为自己没有获得好的机会和条件。在进行了这样的一番自我安慰后，他们便获得了心理平衡，从而放弃了学习，放弃了自我能力的提升，在得过且过中消磨着美好的时光。我们应该明白，只有自己才能对人生负责。自己未来的生活会变成什么样子，很大程度上取决于我们在生活中的态度。

时代发展瞬息万变，知识进步日新月异，稍不留神，我们今天引以为豪的知识可能在明天就变得落伍了。假如我们因为眼前拥有的一点知识便沾沾自喜，放松了学习的脚步，那么很容易就会被身边的人超越。只有放下骄傲与自满，虚心好学，永远对知识充满渴望，才能让自己不断进步。

第二章

没有树立目标，
就等于瞎混

抓住身边每一个机会

很多年轻人往往并不知道成功的机会在哪里，错过的时候还会安慰自己说，没关系，未来的路还很长，还会有更多的机会。这样想就大错特错了，因为机会一旦错过就不会重来，只有抓住身边的每一个机会并为之努力，你才能有所收获。

美国百货业巨子约翰·甘布士就是这样一个另类，一个敢于冒险，善于冒险的勇士。而他的经验极其简单："不放弃任何一个哪怕只有万分之一可能的机会。"

有一次，约翰·甘布士所在地区的经济陷入萧条，不少工厂和商店纷纷倒闭，被迫贱价抛售自己堆积如山的存货，价钱低到1美金可以买到100双袜子了。

那时，约翰·甘布士还是一家织造厂的小技师。他马上把自己积蓄的钱用于收购低价货物，人们见到他这股傻劲，都嘲笑他是个笨家伙。

约翰·甘布士对别人的嘲笑漠然置之，依旧收购各工厂抛售的货物，并租了一个很大的货仓来贮货。

他妻子劝他，不要把这些别人廉价抛售的东西购入，因为他们历年积蓄下来的钱数量有限，而且是准备用来当子女未来的教育经费的。如果此举血本无归，那么后果便不堪设想。对于妻子忧心忡忡的劝告，甘布士笑过后又安慰道："3个月以后，我们就可以靠这些廉价货物发大财。"

甘布士的话似乎兑现不了。过了10多天后，那些工厂贱价抛售也找不到买主了，便把所有的存货用货车运走烧掉，以此稳定市场上的物价。

太太看到别人已经在焚烧货物，不由得焦急万分，抱怨起甘布士来。对于妻子的抱怨，甘布士一言不发。

终于，为了防止经济形势恶化，美国政府采取了紧急行动，稳定了甘布士所在地区的物价，并且大力支持那里的厂商复业。这时，当地因为焚烧的货物过多，存货欠缺，物价一天天飞涨。约翰·甘布士马上把自己库存的大量货物抛售出去，一来能赚一大笔钱，二来能使市场物价得以稳定，不致暴涨不断。在他决定抛售货物时，他妻子又劝告他暂时不忙把货物出售，因为物价还在一天一天飞涨。

他平静地说："是抛售的时候了，再拖延一段时间，就会后悔莫及。"

果然，甘布士的存货刚刚售完，物价便跌了下来。他的妻子对他的远见钦佩不已。后来，甘布士用这笔赚来的钱，开设了5家百货商店，业务也十分发达。再后来，甘布士成了全美举足轻重的商业巨子。

甘布士在一封给青年人的公开信中诚恳地说道："亲爱的朋友，我认为你们应该重视那万分之一的机会，因为它将给你带来意想不到的成功。有人说，这种做法是傻子行径，比买奖券的希望还渺茫。这种观点是有失偏颇的，因为开奖券是由别人主持，丝毫不由你主观努力，但这种万分之一的机会，却完全是靠你自己的主观努力去完成的。"

俗话说，不入虎穴，焉得虎子？这句古语揭示了一个千古不变的道理，世界的改变、生意的成功，常常属于那些敢于抓住时机，大胆冒险，不放弃万分之一机会的人。

不可否认，很多年轻人都编织过许多的梦想。大部分的人都在等待着时机，但是每次都可能错过飞逝的班车。我们总认为机会是不劳而获的，它会停在你身旁，等你上了车再发动，因此，人们经常错过了实现梦想的机会。

有这样一则故事：

村庄发大水，村民都上了大船，但牧师不上，他说："上帝会来救我的。"大船开走了。水位在上升，牧师爬上了房顶。又有一艘快艇来搜救遗漏人员，牧师还是不走，仍说："上帝会来救我的。"快艇也开走了。

水位漫过了房顶。又有直升机来接牧师，牧师仍然坚持不走，照旧说："上帝会来救我的。"无奈，直升机也飞走了，最后的机会丧失了。

终于，虔诚的牧师遭到了灭顶之灾，真正见了上帝。他抱怨上帝说："怎么不来救我？"上帝说："我先后派了大船、快艇和飞机三种交通工具去救你，可三次机会都被你错过了。"

故事虽然是虚构的，但也说明了一个很重要的哲理，那就是：抓住机会就等于抓住了上帝。上帝是公平的，因此，上帝在赋予人们机会的时候，不会偏袒任何人。有些事情，我们是无法选择的，例如我们出生的环境，但是在人生的旅途中，有大量的机会可以让我们选择，这些机会对于我们的成功是相当关键的，一个人的最终成就就是取决于对这些机会的把握。

因此，当机会来临的时候，你一定要紧紧抓住，不要让它溜走。有人曾经把机会比喻成小偷，说它来的时候悄无声息，走的时候却让人损失惨重。机会很难遇到，如果你很幸运地遇到了它，就一定要把它抓住，否则受伤的就会是你自己。有一句俗语，机不可失，时不再来。说的是机会弥足珍贵，一定不要错失。

要记住："没有人会给你机会，机会只有一次。"每个人都拥有无穷的力量，未来都有着无限的可能，千万不要让机会从身边白白溜走。

别让机遇白白溜走

　　有人说，人生的得失，关键在于机遇的得失。快跑的未必能赢，力战的未必得胜，一味埋头苦干的未必就可以春风得意，功成名就。试问，有谁甘心一生庸庸碌碌，默默无闻；又有谁不期盼自己轰轰烈烈，甚至流芳千古。其实，在人生的道路上，如果你能够一马当先，抓住机遇，哪怕只比别人早那么一小步，你也会大获全胜。当机遇到来时，不要犹豫，果断地抓住，就能为成功添砖加瓦。

　　有一天，希腊学者苏格拉底带领几个弟子来到一块麦地边。那时正是成熟的季节，地里满是沉甸甸的麦穗。苏格拉底对弟子们说："你们去麦地里摘一穗最大的麦穗，只许进不许退。我在麦地的尽头等你们。"

弟子们陆续走进了麦地。

地里到处都是大麦穗，哪一个才是最大的呢？弟子们径直向前走。看看这一株，摇了摇头；看看那一株，又摇了摇头。他们总以为最大的麦穗还在前面呢。虽然弟子们也试着摘了几穗，但并不满意，便随手扔掉了。他们总以为机会还有很多，完全没有必要过早地定夺。

弟子们一边往前走，一边挑挑拣拣，经过了很长一段时间。突然，大家听到苏格拉底的声音："你们已经走到头了。"这时，两手空空的弟子们才如梦初醒。

苏格拉底对弟子们说："这块麦地里肯定有一穗是最大的，但你们未必能碰见它；即使碰见了，也未必能做出准确的判断。因此最大的一穗就是你们刚刚摘下的那穗。"

弟子们听了老师的话，悟出了这样一个道理：人的一生仿佛也是在麦地中行走，也在寻找那最大的一穗。有的人见了那颗粒饱满的"麦穗"，就不失时机地摘下它；有的人则东张西望，一再错失良机。

所以，你不要以为机会像一个到你家里来的客人，在你门前敲着门，等待你开门迎接。恰恰相反，机会是一件不可捉摸的宝贝，它无影无形，无声无息，假如你不用苦干的精神努力去寻求它，也许永远都遇不着。成功属于有心人，用心去寻找，定能找得到。

牛仔裤自问世以来，历经一百多年而不衰，与它的创始人里格·施特劳斯及其后人善于随机应变、及时改造产品质量是分不开的。

里格在二十岁时被当时的淘金热吸引到美国西部，加入了淘金者的行列。他挖了一段时间的矿，收入甚微。这时他发现，成千上万的淘金者迫切需要生活上的供应和服务，于是就放弃淘金，开了一家日用品小商店。

有一次，他带了一些小商品和一些淘金者搭帐篷用的帆布，乘船到外地去卖。他带的小商品在船上就卖光了，唯独帆布没卖出去。船到码头以后，他向一位淘金工人推销说："你要买帆布搭帐篷吗？"那工人回答说："我们不需要帐篷。不过，我看你卖的这种帆布做裤子倒挺不错。我们现在穿的棉布裤子不结实，很快就磨破了。"

听他这么一说，里格马上就想到一个主意：干脆就用这些帆布做成裤子来卖。于是，他同这位淘金工人一道去裁缝店用帆布做了一条裤子。对做成的裤子，这位淘金工人和他的伙伴都非常满意。接着，里格又用帆布专门定做了一批裤子，也都很快就卖出去了。

使里格意想不到的是，定做这种帆布裤子的订单竟源源而来。后来，因为帆布供不应求，他不得不改用一种靛蓝色的斜纹粗布作为裤料。这就是最初的牛仔裤。

可以说，让里格和其他淘金者、小商人拥有截然不同的命运的，正是机遇。在人生的岔路口，抓住机遇的那个人会走上辉煌灿烂的道路。从故事中你可以看到，机遇是个人的奋斗精神与社会环境条件的一种恰到好处的契合，是一种对目标的努力追求和时代、环境等外部条件碰撞后的火花。只要你抓住它，它就能给成功者提供更上一层楼的台阶。然而，机遇又是转瞬即逝的，能够抓住机遇的人，才能获取最后的成功。

19世纪中期，一股淘金热潮在美国西部悄然兴起。成千上万的人拥向那里寻找金矿，幻想着能一夜暴富。一个十来岁的穷孩子沃夫吉，也准备去碰碰运气。因为穷，他买不起船票，就跟着大篷车，忍饥挨饿地奔向西部。

不久，他到了一个叫奥斯汀的地方。这儿的金矿确实多，但是气候干燥，水源奇缺。找金子的人最痛苦的是拼死苦干了一天，连一滴能滋润嘴唇的水也没有。抱怨缺水的声音到处弥漫，许多人愿意用一块金币换一壶凉水。

这些找矿人的满腹牢骚，使沃夫吉得到了一个十分有用的信息。他觉得如果卖水给这些找金矿的人喝，或许比找金子更容易赚钱。他看看自己，身单力薄，干活儿比不过人家，来了这么些天，疲惫不堪，仍然一无所获。但挖渠找水，他还是能办得到的。

说干就干，沃夫吉买来铁锹，挖井打水。他将凉水进行过滤，变成了清凉可口的饮用水，再卖给那些找金矿的人。在短短的时间里，沃夫吉就赚了一笔数目可观的钱。后来，他继续努力，成了美国小有名气的企业家。

机遇的出现既出人意料，又在情理之中。在与机遇不期而遇时，如何抓住机遇，并没有固定的模式和准则可循，但过人的洞察力和判断力无疑是非常重要的。所以，用心并努力准备吧，终有一天。你会成为命运女神的垂青者。

机会要靠主动把握

机会让人赢得主动，主动让人赢得机会。成功的法则就是要主动出击，主动或被动，常常是人生的分水岭。

著名钢铁大王卡耐基曾经说过："不主动的人决不会成大器。"在所有的人生态度中，积极主动应该排在前位，它是人生走向成功的关键。做人要有一颗积极主动的心。

积极主动的人，无论在什么情况下总有选择的权利，可以主导事情的发生、发展。每一扇机遇之门都有一个守门人，收获机遇就要主动地去找这个守门人。一定要学会主动出击，你才能比别人有更多的机会。

一位心理学家在他的小女儿第一天上学之前，教给宝贝女儿一项诀窍，足以令她在学校的学习生活中获益颇丰。

这位心理学家开车送女儿到小学门口，在女儿临下车之前，告诉她在学校里要多举手，尤其在想上厕所时，更是特别重要。

小女孩真的遵照父亲的叮咛，不只在内急时记得举手，教师发问时，她也总是第一位举手的学生。不论老师所说的、所问的她是否了解，或是否能够回答，她总是举手。

日复一日，老师对这个不断举手的小女孩，自然而然印象极为深刻。不论她举手发问，或是举手回答问题，老师总是不自觉地优先让她开口。而因为累积了许多这种不为人所注意的优点，竟然令这位小女孩在学习的进度上、自我肯定的表现上，甚至于许多其他方面的成长上，都大大超越其他的同学。

那位深具智慧的父亲所教给女儿的举手观念，正是成功者积极主动的态度。积极和主动是对立的，积极力量削减一分，相对地，消极的力量便增强一分。此消彼长，再假以时日，真不敢想象我们会变成什么样的人。

有什么样的态度，就有什么样的人生。我们选择什么，自己的生活就充满什么。青春岁月，有欢笑也有泪水，有朝气也有颓废，有自信也有迷茫，我们积极一点，生活会更精彩。

一个年轻人自小父母离异，母亲含辛茹苦把他抚养长大。从幼年起，他就对音乐情有独钟，表现出惊人的天赋。母亲望子成龙，用多年的积蓄为他买了一架钢琴。"玩"着琴，年轻人挖掘着潜力，慢慢集聚着自己的音乐资本。高中毕业后，年轻人没有考上大学，于是到餐厅当服务员。他被老板骂过，克扣过薪水。一个偶然的机会，年轻人被台湾乐坛老大吴宗宪"相中"，进入吴宗宪的公司做音乐制片助理。其间，他不停地写歌，结果都被吴宗宪搁置一旁，有的甚至当面扔进纸篓。

年轻人没有泄气，继续创作，终于感动了吴宗宪，他答应找歌手唱他的歌。但是，许多歌手都不愿意唱他的歌，觉得他写的歌稀奇古怪。年轻人仍然一如既往、默默地进行着自己的创作。有一天，吴宗宪抛给年轻人一个机会：10天写50首歌，然后挑选10首自己唱，出专辑。年轻人废寝忘食，没日没夜，绞尽脑汁，拼命写歌。

终于，他的第一张专辑问世，立即轰动歌坛。紧接着的第二张专辑《范特西》又风靡流行音乐界。这个年轻人就是周杰伦。

人生的基调应该是积极的，我们要乐观地对待生活。不因重载埋压而不振，不因际遇挫折而消沉，不因外物斑驳而迷失方向，不因出身卑微而自卑，不因家境清贫而沮丧，不因生活平淡而漠然，不因事业平凡而平庸。

人生的意义就是积极地面对，正确地思考，勇敢地活着，最后高尚地死去。生活应该积极向上，无论何时都要保持积极进取的精神，用你的智慧获取你需要的资源，成就你的事业和人生。

主动就是进攻，消极就是退却。一切自卑、畏缩不前和犹豫不决的行为，都只能导致人格的萎缩和做人处世的失败。积极主动才会有机会，甚至化危机为机遇。

主动出击往往就是最佳的利器，是最佳的策略。球星乔丹说过："我不相信被动会有收获，凡事一定要主动出击。"机会让人赢得主动，主动让人赢得机会。成功的法则就是要主动出击，主动或被动，常常是人生的分水岭。

只有站得高，才能望得远

爬山时，只有登上峰顶才能欣赏到最美丽的风景，站得高，才能望得远。而在人生的旅途上，也同样要站得高才能望得远。因此，在我们的人生规划中，一定要树立远大的目标，这样我们才有前进的动力，才能成就人生的辉煌。

我们都知道练功之人可以用肉掌砍断木板。据他们讲，事实上，多则几天，少则几分钟，大多数普通人都可以练成这样的"绝技"。

这是为什么呢？其实道理也很简单。当你准备劈木板时，你的眼睛肯定是盯着木板的上面，那么当你的手掌与木板接触时，掌力已经是强弩之末。而假如你的眼睛盯的是木板后面半尺的地方，当你的手掌劈到木板时，正好是力量达到峰值，因为你的目标还在半尺之外，所以，手掌会穿越木板的阻碍。

可见，把目标定得稍微远一点，你就可能做出让人惊讶的成绩。人与人之间的差别，从表面特征上考察，差别不是很大。而之所以有的人能取得非凡的成就，很关键的一个原因就是目标的设定。它必定会激励你不断向前。

高目标能使我们充分地发挥自身的潜能，把不可能的变为可能。可以说，目标越高远，人生的成就就越大。很多人都有这样的体会，当确定只走十千米的路程时，走到七八千米处便会因松懈而感到劳累，因为目标快到了。但如果要求走二十千米，那么，在七八千米处则正是斗志昂扬之时。所以，远大的目标才能产生更大的动力，才可以追求更大的成功。

有两只相貌丑陋的小鸭子在苇塘边，其中一只黑鸭子不停地振翅欲飞，它飞起来又跌下去，飞起来又跌下去，就这样不停地飞飞跌跌好多次，始终还是没能飞起来，而且还摔得遍体鳞伤。

白鸭子说："别飞了，我们是鸭子，不可能像天鹅一样飞起来的。"

但是黑鸭子始终不认同白鸭子的说法，它就这样每天不断地练习着。终于有一天，它飞上了天空，而白鸭子的翅膀由于经常不用，早已萎缩了。

白鸭子对同类说："你们看，那只鸭子是我的朋友。"同类们大笑："你疯了，那是只黑天鹅。"

　　这个小故事告诉我们一个深刻的道理：成功，在于树立一个远大的目标，沿着自己的道路不断进取，就能最终实现目标。如果那只黑鸭子没有飞向蓝天的远大目标，它就会和白鸭子一样，只能仰望蓝天羡慕天鹅。

　　生活总是给有梦想的人提供努力的机会和进步的空间。拥有远大目标，坚持不懈、永不停息的人才能成为最后的成功者。

　　站得高，树立远大的人生目标反映了人们对美好未来的向往和追求。远大的人生奋斗目标是人的力量源泉和精神支柱，一个人如果没有树立远大的目标，就会失去精神动力，当然也就不可能成为高素质的优秀人才。

　　远大的目标能吸引人为实现它而努力奋斗。每当你懈怠、懒惰的时候，它犹如清晨的闹钟，将你从睡梦中唤醒；每当你感到疲惫、步履沉重的时候，它就像沙漠中的绿洲，让你看到希望；每当你遇到挫折、心情沮丧的时候，它又如破晓的朝日，驱散你内心的阴霾。在人生目标的驱策下，人们能不断地激励自己，获得精神上的力量，焕发出超强的斗志。即使我们最终不能实现目标，即使困难没有被完全克服，但我们也能收获信心和经验，当再次面对困难时，我们不仅有勇气和信心，也有能力和方法去面对和解决。

　　总之，只有站得高，才能望得远。能实现自己远大目标的人，既是一个成功者，也是个幸福者。

心有多大，舞台就有多大

有人说，"每个人的心中都隐伏着一头雄狮"。的确，每个人的潜能都是巨大的，如果你不相信自己，你的能力就会被埋没。成功者都是普通人，他们没有三头六臂，智力也和一般人差不多，关键在于他们相信自己。

其实，不论在什么样的环境中，只要有了雄心壮志，有了崇高的理想，就有了奋发进取的勇气和信心。可以说，不怕做不到，就怕想不到。因为，人类的进步就是在其梦想的引领下促成的。我们整天使用的电视、电脑、冰箱，在最初都是出自某人的异想天开。任何东西在被发明出来之前都是梦想，科学家是梦想者，他们的异想天开是创造的源泉。古代就有嫦娥奔月的传说，现代科学已经能把人送入太空了；孙悟空的一个跟斗翻十万八千里也曾经是异想天开，而今的高超音速飞机已经将其变为现实……人类因为有了梦想而进步，而那些成功人士原本也是普通人，因为梦想才让他们拥有了伟大的成就。

软银集团董事长孙正义早在19岁时，就写下了自己未来50年的计划：二十多岁时，建立自己的企业；30多岁时，挣到第一个10亿美元；随后20年，巩固基础和挑选接班人；43岁后在10年内将企业扩大10倍到20倍。在这个计划的指引下，他在24岁那年成功地建立了自己的公司，并再次宣称：要在5年内将销售规模扩大到100亿日元，10年内达到500亿日元。

如果说在充满激情的青年时代，孙正义拥有崇高的志向和华丽的梦想并不是一件太过于突兀的事情，那么，在他经历了无数的困难和激烈的竞争之后，在大多数人都屈从于现实社会而放弃了自己志向的时候，他的这些豪言壮语便成了"野心的膨胀"了。

正是这种"膨胀"的野心，支撑着孙正义在37岁时成了拥有10亿美元的富翁，更支撑着他建立起了庞大的互联网帝国。

是的，我们会有什么样的成就，会成为什么样的人，取决于先做什么样的梦。先有梦，才会有成就，才会发挥潜能。

有个出生于旧金山贫民区的小男孩从小因为营养不良而患有

软骨症，在6岁时双腿变成弓形，而小腿更是严重萎缩。然而在他幼小的心灵中，一直藏着一个除了他自己几乎没有人相信会实现的梦，这个梦就是有一天他要成为美式橄榄球的全能球员。

他是传奇人物吉姆·布朗的球迷，每当吉姆所属的克里夫兰布朗斯队和旧金山西九人队在旧金山比赛时，这个男孩便不顾双腿的不便，一跛一跛地到球场去为心中的偶像加油。由于他穷得买不起票，所以只有等到全场比赛快结束时从工作人员打开的大门溜进去，欣赏剩下的最后几分钟比赛。

十三岁时，有一次他在布朗斯队和西九人队比赛之后，在一家冰淇淋店里终于有机会和他心目中的偶像面对面接触了，那是他多年来所期望的一刻。他大大方方地走到这位大明星的跟前，朗声说道："布朗先生，我是你最忠实的球迷！"

吉姆·布朗和气地向他说了声谢谢。

这个小男孩接着又说道："布朗先生，你知道一件事吗？"

吉姆笑着问道："小朋友，请问是什么事呢？"

男孩自豪地说道："我记得你所创下的每一项纪录。"

吉姆·布朗十分开心地笑了，然后说道："真不简单。"

这时，小男孩挺了挺胸膛，眼里闪烁着光芒，充满自信地说道："布朗先生，有一天我要打破你所创下的每一项纪录。"

听完小男孩的话，这位美式橄榄球明星微笑着对他说："好大的口气。孩子，你叫什么名字？"

小男孩得意地笑了，说："我的名字叫奥伦索·辛普森。"

奥伦索·辛普森日后的确如他年少时所言，在美式橄榄球球场上打破了吉姆·布朗所创下的所有纪录，并创下了新的纪录。

休斯写道："快快抓住梦想，因为梦想一旦飞逝，生命就如同断了翅膀的小鸟，再也飞不起来了。"布朗宁曾说："一个人应该追求超过他手掌所能掌握的，否则上天存在的目的是什么？目标朝向月球有一点好处，就是你不会只带着一把泥土回来。"

一位经济学教授在测验时出了三个类型的问题，要学生从每一类型中选一题作答。第一类型最困难，可得五十分；第二类型较容易，可得四十分；第三类型最简单，只得三十分。

当试卷发还给学生时，那些选择最困难题目的人得了A，选择四十分题目作答的人得了B，而那些只企图回答最简单题目的人得了C。

学生们不知道其中的缘由，便去向教授询问。教授微笑着解释说："我并不是要测验你们的知识，而是要测验你们的目标。"

对于年轻人而言，要想把看不见的梦想变成看得见的事实，首要做的事便是制定目标，这是人生中一切成功的基础。目标会引导你的一切想法，而你的想法便决定了你的人生。

　　都说心有多大，舞台就有多大，所以，在我们的人生规划中，一定要拥有伟大的梦想，这样，世界的大舞台就会向你敞开。

给你的理想一个客观准确的定位

　　理想是人生的奋斗目标，是人们对未来的一种想象。在我们的人生规划课中，我们不能缺少理想，因为理想是我们人生的一盏航灯，能够照亮前进的方向。

　　但是，理想既不同于幻想，也不同于空想和妄想。理想要正确地反映客观实际，是一种正确的想象；要正确地反映现实与未来的关系，合乎事物的变化和发展的规律。理想不是妄想或空想，而必须是那些经过努力可以实现的目标。所以，我们需要给自己的理想一个客观准确的定位，这样，理想才能变成现实。

　　阿亮学的是通讯专业，毕业时他有两个就业的机会：一个是到著名的外企做技术支持，另一个是到一家快速发展的民营企业做市场营销。他不知该怎么选择：一个是专业对口的工作，另外一个是他感兴趣的工作。于是，他向老师寻求帮助。

老师说："首先要认识你自己，找到适合自己的方向定位。"这位老师帮助阿亮作了深入的分析，在对自己的理想进行了客观的定位之后，阿亮决定去民营企业做市场营销。

四年过去了，他从一名市场营销员成为主管，然后跳槽到一家很知名的财经类报纸做记者。未来他想再回到企业，做一个市场高级经理。他说他的同学们都很羡慕他，因为他知道为自己的理想进行准确的定位。

没有理想，人生就没有方向，但理想不切实际，同样会让你的一生碌碌无为。只有为理想进行准确的定位并根据实际情况进行调整，理想最终才可能实现。

施瓦辛格深受中国观众的喜爱，尤其是他那一身健美的肌肉，更使许多男人羡慕不已。可是，施瓦辛格之所以能成为今日的明星，是和他为自己进行客观准确的理想定位紧密相连的。

施瓦辛格出生于奥地利一个很普通的家庭，他的家庭与电影毫不搭界。施瓦辛格在15岁的时候，还是一个非常瘦削的少年。那时，他的身高有1.78米，体重却仅有70公斤左右。这样的身材和举重冠军显然相差很远，可是，施瓦辛格却对举重产生了兴趣。他很佩服当时美国的健美先生力士柏加，每一天他都梦想着成为和力士柏加一样的人。

施瓦辛格客观地分析了自己的实际条件以及实现梦想所需要做的准备。为了向理想靠近，他积攒一切零花钱，用来搜集所有他感兴趣的健美杂志。他仔细阅读杂志上的文章，了解各种健身原则。还利用课余时间去打工，用赚来的钱购买健身器材。

后来，施瓦辛格应征入伍，严格的军队纪律仍然不能阻挡他的追求。他甚至偷偷跑出军营，参加"少年欧洲先生"的选举，并获得了冠军。到兵役结束时，施瓦辛格已经拥有了四枚健美奖章。

这些荣誉使施瓦辛格更加雄心勃勃。他决定到美国去发展自己的事业。

天道酬勤，施瓦辛格又获得了多项荣誉。最终，他成了美国片酬最高的超级巨星，全美最卖座的明星。

可以说，如果没有对理想进行准确的定位，如果没有为实现理想所付出的巨大努力，施瓦辛格是不可能获得后来的辉煌成就的。

正确地定位理想，会帮助你少走弯路，还能帮助你善用资源。那么，你该怎样为你的理想进行客观准确的定位呢？

第一，需要进行自我评估。人生规划的过程是从个人对自己的评估开始的，对自己了解得越充分，就越能获得理性和自信，从而对个人的发展方向和目标做出正确的选择。自我评估主要从四个方面进行：价值观、兴趣、能力、个性。

价值观是一种持久的信念和原则，处于个人生活和职业定位系统的核心位置，它决定了你认可的生活形态和职业形态，你希望给予社会什么和得到怎样的报酬。

兴趣能决定你从事什么工作最快乐。它能开发人的潜力、激发人的创造力，可以增强人的职业适应性和稳定性。如果你从事与兴趣不相符的工作，那么就很容易厌倦与疲劳，影响工作成绩。从长远来说，还会使你轻易放弃工作，从而影响职业发展的持续性。

能力是执行某项工作的技能，它直接影响到职业活动的效率，决定你能做什么。

个性是一个人稳定的、习惯化的思维方式和行为风格。个性决定了你如何做事，愿意在什么环境中做事。当你的自然天赋和价值观与你的工作有冲突时，你会感觉不舒服、不快乐。

第二，需要客观地评估外界需求。知道自己想要什么才能帮助你准确地定位理想，你还要知道社会能够提供什么样的机会以及对你有什么具体要求。只有当个人志向与社会需求完美结合的时候，个人才能在社会中实现自己的理想。

第三，还需要在心中为你的理想确定具体可行的目标。如果只是空泛地说"我需要很多很多钱"，那是没有用的，你必须确

定你追求的成功的具体评价标准，例如，挣多少钱，拥有多高的
职位，取得什么科学成果等等。

拿破仑·希尔曾举过这样一个例子：同样是做房地产生意，
汤姆计划向银行贷款120万美元，而约翰则向银行贷款119.19万美
元。最后银行贷款给约翰，而拒绝了汤姆的贷款请求。因为银行
主任认为约翰的预算具体化而且考虑很周到，说明约翰办事仔细
认真，成功的希望较大。

俗话说，自己的木材要自己砍，自己的水要自己挑，你生命
中的理想也要由你自己来塑造。所以，渴望成功的年轻人，请给
你的理想一个客观准确的定位。

弄清楚自己最想要的是什么

"假如明天你将死去，你最想要的是什么？"如果向不同的人问这个问题，得到的答案总是见仁见智，莫衷一是。然而，在你的人生规划中，你必须知道自己对这个问题的答案，因为只有回答了这个问题，你才能知道在你的一生中，什么才是最珍贵的，什么才是最值得你珍惜的事物，什么才是你一生应该努力追求的。只有弄清了这个问题，才不会盲目行动。

阿丽毕业后去当了一名律师。

随着工作经验越来越丰富，她在律师界的名气也越来越大，最后自己创业。当她成为这家律师事务所的负责人后，工作方式也就跟着发生了变化，她不能再像以往那样把所有的时间都花在诉讼案件上，而是要分出一半精力留意事务所的经营及管理。

在她的努力下，事务所的业务蒸蒸日上，可是她心里并不快乐，因为她不能再和客户有更多的接触了。如今她的地位已不同于其他同事，她必须不时主持或参加会议以便主导事务所未来的发展。就她过去的努力来看，她已经实现了所追求的目标，可是却不能做自己最想做的事情了。

不知你是否也有过相同的经历。要想让内心得到真正的快乐，我们一定要清醒地分辨何为价值观，同时还要明确你追求的目标。

有什么样的决定，就会有什么样的命运，而主宰我们做出不同决定的关键因素就是个人的价值观。一个人要想成功，他就必须清楚知道自己的价值观并时刻以此为基准。

《春风化雨》这部电影正说明了同样的道理，它讲述了杰美·艾斯克兰提这位特立独行的数学教师是如何教育他的学生的故事。

艾斯克兰提以无比的耐心和热情，改变了手下所教学生的未来命运。在大家看来，他的学生都是很笨的，什么也学不好的，然而艾斯克兰提却不这么想，他千方百计地使学生从心底相信自己的能力，最后他们在学业上果然有了优异的表现，令许多人跌破眼镜。艾斯克兰提这种不懈努力的教育精神，让学生们认识了价值观的惊人威力，懂得了什么叫信心、决心，什么叫磨炼、合作，以及什么叫掌握自己的命运。

他的教育方式是身教重于言教，他常常亲自作示范，让学生们从异于传统的角度去看实现目标的可能性。这种教育方式，不仅让这群常人视之为"笨"的学生通过了微积分检验考试，更让他们学会了一个道理，那就是只要改变自己先前的信念，始终盯着更高的价值标准，那么自己的能力就会有更大程度的发挥，人生也会因此大大改观。

如果我们希望做出不凡的成就，只有一个方法，那就是按照艾斯克兰提所采用的方法：先找出自己生命中重要的价值观是哪些，然后遵照这些价值观去行动。这并不难做到，遗憾的是能真正做到的人却是凤毛麟角，绝大多数人根本就不清楚什么是自己人生中最重要的东西，他们一会儿往东、一会儿往西，如同水面上的浮萍，最终稀里糊涂过了这一生。

每个人的人生追求都不相同，当你知道了自己最重要的人生价值所在，那么怎么作决定就易如反掌了；反之，如果你不知道什么对你是最重要的，那么就很难做出决定，这往往会成为痛苦的折磨。有杰出成就的人，在这种状况下通常能很快做出决定，那是因为他清楚地知道自己人生最重要的价值何在。因此说，你要想获得成功，就要找出自己最想要实现的价值并坚持执行，如此就会收获完美的未来。

做好能做的事，才能去做想做的事

孟子说，让你搬走一座泰山，那是你实在无法办得到的事；但叫你替一位老人折一根树枝，却是举手之劳的事。如果你连这一点都不愿意做，那就很不好了。可见，古贤孟子主张做人应该做好自己能做得到的事。

的确如此，做人就应当努力做好自己能做的事。一个人的能力有大小，但只要用心做了，就能无愧于己，也无愧于人。

自己不能达到伟大，但能让自己崇高起来。也就是说，自己想成为一个伟人是很难的，但却能通过不断学习、修养和实践，使自己具有先进的思想，优秀的品质，高尚的情操和崇高的精神境界。

同样，自己不能左右社会，但却能为社会的进步贡献出自己的力量。

自己不能强迫别人改变意志、改变意识、改变观念，但却能改变自己。自己能在不懈努力后，具有好思想、好精神、过硬的本领和真才实学，从而使自己为社会多尽心智，多做贡献。

自己不能成为一部机器，但却能成为这部机器上的一颗螺丝钉，把它拧在这部机器的哪个地方，就可在那里闪闪发光，就可在那个地方发挥应有的作用。

很多时候，我们感到自己当初有如此的豪情万丈、壮志雄心，但往往事与愿违、一事无成，其实可能是我们总是想得太多，做得太少。我们只有做好能做的事，才能去做想做的事。

一位青年满怀烦恼去找一位智者，他大学毕业后，曾豪情万丈地为自己树立了许多目标，可是几年下来，依然一事无成。他找到智者时，智者正在河边小屋里读书。智者微笑着听完青年的倾诉，对他说："来，你先帮我烧壶开水！"

青年看见墙角放着一把极大的水壶，旁边是一个小火灶，可是没发现柴火，于是便出去找。他在外面拾了一些枯枝回来，装满一壶水，放在灶台上，在灶内放了一些柴火便烧了起来。可是由于壶太大，那捆柴火烧尽了，水也没开。于是他跑出去继续找柴火，可回来时却发现那壶水已经凉得差不多了。这回他学聪明了，没有急于点火，而是再次出去找了些柴火。由于柴火准备得足，水不一会儿就烧开了。

智者这时问他："如果没有足够的柴火，你该怎样把水烧开？"

青年想了一会儿，摇摇头。智者说："如果那样，就把水壶里的水倒掉一些！"青年若有所思地点了点头。智者接着说："你一开始踌躇满志，树立了太多的目标，就像这个大水壶装的水太多一样，而你又没有足够的柴火，所以不能把水烧开。要想把水烧开，你或者倒出一些水，或者先去准备柴火！"

青年顿时大悟。回去后，他把计划中所列的目标划掉了许多，只留下最近的几个，同时利用业余时间学习各种专业知识。几年后，他的目标基本上都实现了。

这个故事告诉我们，只有删繁就简，从最近的目标开始，做好能做的事，才能去做想做的事，才会一步步走向成功。

"I have a dream"这是著名黑人领袖马丁·路德金的演讲。人人都有梦想，人人都会朝着自己的梦想去追。追梦的过程异常艰辛，我们绝不能好高骛远，脚踏实地才是最重要的。

从古到今，多少人在自己的岗位上默默奉献，而他们总认为是在做着自己分内的事。有些人做出了一些成就而被人知晓，但还有更多的人仍在埋头实干，我们更应该向这些人致敬。

做好自己能做的事，才能去做自己想做的事。说起来容易做起来难，这不仅要求我们坚忍踏实，更要求我们有一种执著、永不言弃的精神。

　　做好自己能做的事，是我们在成长中前进的基础；做好自己能做的事情，是我们改造世界的条件；做好自己能做的事情，是我们走向成功的必经之路。

　　做好自己能做的事，是一种气概，是一种能力，是一种进步，这需要我们有"千磨万击还坚劲，任尔东西南北风"的执著精神；需要我们有"柳暗花明又一村"的乐观心态。做好自己能做的事，实际上是对我们意志、毅力、心态的考验和磨砺。

　　我们不能决定生命的长度，但可以控制它的宽度；我们不能做到事事顺利，但可以做到事事尽力。做好自己能做的事，可以让我们的人生平凡而不平庸。做好自己能做的事，终能成就生命的辉煌，体现生命的价值。

第三章

奋斗的路上，
要有不怕挫折的劲头

坚持到底就是胜利

很多意气风发的年轻人，有理想，有勇气，但是却并不一定能成功，因为成功不是招之即来的。有时候，你会遇到挫折、遇到挑战，只有坚持到底、不断奋斗的人，才能获得成功。

每一位成功者都知道，要想获得成功，就要有一种持之以恒、不达目的誓不罢休的精神。一锹挖不成水井，成功需要积累，成功需要坚持。

有一天，俄罗斯的著名作家克雷洛夫正在大街上行走，一个年轻的农民拦住他，向他兜售苹果："先生，请你买些苹果吧，但我要告诉你，这苹果有点酸，因为我是第一次学种果树。"年轻的农民很笨拙地说着。

克雷洛夫对这个憨厚、诚实的农民产生了好感，于是买了几个果子，然后说："小伙子，别灰心，只要努力，以后种的果子就会慢慢地甜起来了，因为我种的第一个果子也是酸的。"

农民听了之后很高兴，问："你也种过果树？"

克雷洛夫笑着解释说："我的第一个果子是我写的一个剧本，可是这个剧本直到现在也没有一个剧院愿意上演。"

与克雷洛夫的写作命运相似，海明威最初寄出的几十个短篇全都被退了回来，莫泊桑直到三十岁才发表第一篇作品。

其实，我们所种的第一个果子常常是酸的，但只要坚持下去，就会收获甘甜的果实。

坚持到底就是胜利。只要生活还没有放弃你，你就不应该自己放弃。在人生艰难的境地中，如果看不到希望，不妨告诉自己：很快就可以胜利了，再坚持一下。就这样不断坚持下去，你就一定能收获成功。

如果你参观过开罗博物馆，你会看到令人目不暇接的从图坦卡蒙法老王墓挖出的宝藏。庞大建筑物的第二层大部分放的都是灿烂夺目的宝藏：黄金、珍贵的珠宝、饰品、大理石容器、战车、象牙与黄金棺木，巧夺天工的工艺至今仍无人能及。

可是，如果不是霍华德·卡特决定再多挖一天，这些不可思议的宝藏也许至今仍在地下不见天日。

1922年的冬天，卡特几乎放弃了可以找到年轻法老坟墓的希望，他的赞助者即将取消赞助。卡特在自传中写道：

"这将是我们待在山谷中的最后一季，我们已经挖掘了整整六季了，春去秋来毫无所获。我们一鼓作气工作了好几个月却没有发现什么，只有挖掘者才能体会这种彻底的绝望。我们几乎已经认定自己被打败了，准备离开山谷到别的地方去碰碰运气。然而，要不是我们最后垂死的一锤努力，我们永远也不会发现这座超出我们想象的宝藏。"

其实，成功与失败的差距往往仅一步之遥。很多时候，我们不肯迈出最后那一步，是因为前面大部分的困难已使人疲惫不堪，这时候一个微小的障碍就让我们难以支撑，导致前功尽弃。其实，只要咬紧牙关坚持一下，胜利就近在眼前了。

对此，萧伯纳曾经说过："多走一步，就可以缩短一步接近成功的距离。胜利就在前方，你的任务就是坚持，就是再多走一步。"

人在走路的时候，不论遇到什么事情，不论经历多大的坎坷，都不要往两边看，也不要回头看，你要坚守你的信念脚踏实地地往前走，再苦再难也要坚持下去，坚持到底就是胜利。

许多成功者与失败者的区别，往往不是机遇或是更聪明的头脑，而是成功者多坚持了一刻——有时是一年，有时是一天，有时，仅仅是一遍鸡鸣。

生命的可贵在于坚持不懈地向自己的目标努力。也许在通向成功的路上你会遇到无数的艰辛与困苦，但是只要再坚持一下，就能收获成功的喜悦。坚持能带给我们信念，能带给我们自信，能带给我们动力。无论是谁，如果能够拥有这份坚持不懈的毅力，就一定会得到命运女神的垂青，成为人生的佼佼者。

一息若存，希望不灭

在追求成功的道路上，总难免会有困难在时时地缠绕着你，让你非常烦恼；也总有那么几块巨大的绊脚石阻碍着你，让你无法前进。可是此时，我们不能向命运低头，不能放弃自己的梦想与追求。我们要知难而上，勇敢地去面对这一切。也许，成功就在你的面前，触手可及。

爱迪生67岁那年，苦心经营的工厂发生火灾，损失惨重，多年的研究也全部付之一炬。更令人痛心的是，由于那些厂房是钢筋水泥所造，当时人们认为那是可以防火的，所以，他的工厂保险投资很少，只有10%的理赔额。

当他的儿子查尔斯·爱迪生听说这场灾难之后，紧张地跑去找他的父亲，他发现老爱迪生就站在火场附近，满面通红，满头白发在寒风中飘扬。查尔斯后来向人描述说："我的心情很悲痛，他已经不再年轻，所有的心血却毁于一旦。可是他一看到我却大叫：'查尔斯，你妈妈在哪里？'我说：'我不知道。'他又大叫：'快去找她，立刻找她来，她这一生不可能再看到这种场面了。'"

第二天一早，老爱迪生走过火场，看着所有的希望和梦想毁于一旦，原本应该痛心绝望的他却说："这场火灾绝对有价值。我们所有的过错，都随着火灾而消失了。感谢上帝，我们可以从头做起。"

你可以失败一百次，但你必须一百零一次燃起希望的火焰。无论是谁，都会因为失败而付出代价，然而，失败是人生的训练场，只要你以明智的眼光去审视自己的失败，那么你同样可以从中收获成功的种子。

著名的科学家爱尔弗德·诺贝尔曾经历过无数次的失败。在1864年9月的一次实验中，不慎发生了硝化甘油爆炸，他的实验室顿时灰飞烟灭，五位助手当场死亡，其中包括他的弟弟奥斯加。但是，这并没有动摇诺贝尔的决心和信念。在经过上百次的失败后，他发明了雷管。

以《人间喜剧》名扬天下的法国作家巴尔扎克，曾在自己的手杖上刻下这样一句话："我粉碎了每一个障碍。"正是依靠这根"精神手杖"，他从坎坷中开辟了一条不平凡的人生之路。

在成功的路上会有很多挫折，我们可能会因而让自己变得沮丧和自卑。此时，我们的心中如果存有希望，就能走出自卑的阴影。有理想，有希望的人，会向着自己的目标不断地迈进。

有个人，在他的一生中遭受过两次惨痛的意外事故。

第一次不幸发生在他46岁时。一次飞机意外事故，使他身上65%以上的皮肤都被烧坏了。在16次手术中，他的脸因植皮而变成了一块彩色板。他的手指没有了，双腿特别细小，而且无法行动，只能瘫在轮椅上。

谁能想到，六个月后，他亲自驾驶着飞机飞上了蓝天。

四年后，命运再一次把不幸降临到他的身上，他所驾驶的飞机在起飞时突然摔回跑道，他的12块脊椎骨全部被压得粉碎，腰部以下永远瘫痪了。

但他没有把这些灾难当成自己消沉的理由，他说："我瘫痪之前可以做1万种事，现在我只能做9000种，我还可以把注意力和目光放在能做的9000种事上。我的人生遭受过两次重大的挫折，所以，我只能选择不把挫折当成自己放弃努力的借口。"

这位生活的强者，就是米契尔。正因为他永不放弃，所以最终成为一位富豪、公众演说家、企业家，还在政坛上获得了一席之地。

这样的人，才是生活的强者。

真正的登山者，并不会因山脚的一丛荆棘、一片瓦砾而沮丧，因为他们向往的是山顶。那些出类拔萃的人，无论身处何种境地，都不会轻言放弃。人可以忍受不幸，也可以战胜不幸，因为每个人的身体里都有着惊人的潜能，只要把它发挥出来，你就会觉得生活中没有克服不了的障碍，没有过不去的难关。对于每个正在奋斗路上的人来说，人生还有无限可能，千万不能让一时的失败将自己击溃。只要还有希望，一切就皆有可能。

不后悔，不为昨天的挫折难过

　　不后悔、不为昨天难过，说起来也是一个老生常谈的话题了。但是这简单的一句话，却蕴涵着人类伟大的智慧和经验。

　　一个生活在追悔中的人，只在乎痛苦的、不幸的过去，而忽视了充满希望、健康的今天和明天。要知道，人不能生活在过去，现在和未来才是最重要的。即便你遭受到挫折和伤痛，该做的事情也只是自省和总结，而不是"追悔"，更不是毫无意义地沉溺在难过的情绪中不能自拔。

　　一位年轻人准备外出闯荡世界，干一番事业。临走时，他去向一位德高望重、通理悟世的大师请教。大师说："我先送你三个字，这三个字就是'不要怕'，另有三个字，等你闯荡回来后再告诉你。"年轻人牢记着这三个字离开了家乡。

十几年后，他功成名就返回故里，并急着去拜见大师，不幸大师已经仙逝。他悲痛万分地问大师的弟子，大师临终前有没有给他留下什么话。弟子便拿出一个信札交给他，他打开一看，上面赫然写着"不后悔"三个字。年轻人顿时了悟人生的奋斗哲理，又义无反顾地开始了新的创业。

这位大师，用短短的六个字，就把人生应该采取的做事态度表述得那么贴切。对于适合自己的选择，就要义无反顾，面对暂时的挫折也不要后悔自己的选择，因为这个选择是你经过慎重考虑的。

戴尔·卡耐基讲述过一个发生在他朋友的老师身上的故事：

"当时我不过是个只有十来岁的小孩，当然，那时候我已经为许许多多的事情发愁了。我在犯了错误之后，时常会为这些错误自怨自艾。

"但是有一天早上，我们要上实验课了，所有的同学都来到了科学实验室。我们的老师保罗·布兰德威尔博士把一瓶牛奶放在桌沿上。我们望着那瓶很可能掉下去打碎的奶瓶，想这跟上心理卫生课究竟有何关系。突然，保罗·布兰德威尔博士站了起来，一掌把牛奶瓶打碎在水槽里。就在我们惊诧之际，他大声喊道：'不要为打翻的牛奶而哭泣。'

"然后，他把我们所有人都叫到水槽跟前去，让我们好好瞧一瞧那瓶洒了的牛奶。'好好琢磨琢磨吧，'他对我们说，'我的目的是要你们一辈子都记住这一课，你们知道这瓶牛奶已经没有了。不管你们如何着急，如何抱怨，却没有办法弄回来一滴。但是，我们只要先用自己的脑袋想一想，预先作一点防范，牛奶瓶本可以不被打碎的。不过现在已经太迟了——我们现在所能做的，就是把它忘掉，抛开这件事，努力做好下一件事。

"事隔多年，这次小小的表演始终不能让我忘怀。事实上，这次在实际生活中带给我的教益，比我在高中阶段学到的任何东西都要多得多，都要好得多。这件事让我懂得了，如果有可能，就不要打翻牛奶瓶，万一牛奶瓶打翻，牛奶都流光了的时候，要学会忘记，把这件事情彻底忘掉。"

所以，卡耐基这么说："为什么要浪费我们的眼泪呢？当然，犯错误和疏忽大意，原因的确在我们，可这又有什么关系呢？在人的一生中，谁敢说他从没犯过错误？"

在现实生活中，没有完美的人，一个活生生的人，总会有得有失有功有过，你没法选择。痛苦和快乐同样如此，关键是你的心态。

不要为无谓的事情哭泣，更不要为已经没有意义的事情浪费最宝贵的时间。无论发生什么事情，太阳明天都会照常升起。没

有什么事情是大不了的，没有什么事情值得你让现在的宝贵时光
蹉跎。你所能把握的，只有现在。所以，不要为昨天的挫折难
过。当一件事情无可挽回的时候，就别再为它伤脑筋了。错误在
人生中无可避免，随处可遇。有些错误可以改正，可以挽救，但
另一些是不可挽回的。面对那些改变不了的事实，你可以做的是
改变心情，让我们的人生拥有一个积极乐观的心态，它可以帮我
们重建人生的信心。

可以接受失败，但不应让自己沉沦

拿破仑说："不能"这一词只有在愚人的字典中可以找到。

的确，对每个人来说，都不能被失败摧毁，也不能沉溺在过去的痛楚中，只有总结经验从头再来，才是真正的强者。

人可以失败，但不可沉沦。因为，人的一生，就像一次经历了万水千山的跋涉，而生命乐章的精彩之处则在于挫折。如果能够以这样乐观的态度看待挫折，那么无论处于怎样的逆境，相信我们都可以潇洒走过。

拿破仑·希尔曾经这样解释过："那种经常被视为是失败的事，只不过是暂时性的挫折而已。还有，这种暂时性的挫折实际上就是一种幸福，因为它会使我们振作起来，调整我们的努力方向，使我们向着不同但更美好的方向前进。"

　　有一个农妇种黄豆，由于天气干旱，她将黄豆埋得很深。过了几天，她和儿子翻开土地，发现很多种子长出了长茎，马上就要破土而出了。儿子很奇怪，问："种子长眼睛了吗？为什么在黑暗中还知道向上长？"农妇回答："因为它要寻找阳光，没有阳光，它会活不下去。"

　　其实，人的生命里时常会有失去阳光的日子，就像种子被埋在土里一样。埋得很深的种子，固然生长艰难，但长大后必定根深叶茂，能经风雨。向上的种子告诉我们，阳光就在自己的头顶……是否还记得高考前那段昏天暗地的日子？面对一次惨不忍睹的考试成绩，你是怎样的一种心态呢？是痛苦、消极地一味沉沦下去？还是让自己乐观起来？庆幸这次犯下了很多的错误，下次就可以改过。而事实证明，正是有这样心态的人，才会笑到最后。

　　面对挫折，我们要有百分之百的乐观和坚定的信念——当人有信念支持时，就能超越生命的极限。

　　一位著名的击剑运动员在一次比赛中输给了一个与自己的水平不相上下的对手。第二次相遇，由于上次失利阴影的影响，这名运动员又输掉了，尽管他并非技不如人。第三次比赛前，他做了充分的准备，他特意录制了一盘磁带，反复强调自己有实力战胜对手，每天他都要听上几遍。心理障碍消除了，他在第三次比赛中轻松地击败了对手。

磨难是生产智慧的土壤，是冶炼人才的熔炉，如果你经历的一切都是那么简单、顺利，那么，你的潜力就难以挖掘，你的才华就难以施展，你的事业也就难以成功。

失败是正常的，颓废是可耻的，重复失败则是灾难性的。挫折正如成功和冒险一样，是生命中不可缺少的一部分。

失败使懦夫沉沦，却使勇士奋起。失败无可非议，失败者未必不是英雄，触礁者未必不是勇士。古往今来，又有多少伟人没经历过失败呢？他们中有的甚至耗尽了毕生精力，最终仍是失败，可是他们拼搏了，无怨无悔，他们是英雄。君不闻，项羽仍被尊为英雄，荆轲仍被视为勇士。"只有不攀登的人才永远不会摔倒"，失败了，证明你一直在拼搏，只是成功暂时还未出现。

失败并不可怕，可怕的是在失败中消沉，在失败面前俯首称臣，在失败后驻足不前。那种视失败为洪水猛兽的人，永远不会成功。

失败是块磨砺石，就如同玉石只有经过磨砺后才更加光彩照人。不经历失败的痛苦，怎能知道成功的甘甜。"宝剑锋出磨砺出，梅花香自苦寒来"，"艰难困苦，玉汝于成"。只有经过一次又一次失败的磨炼，我们这块玉才会大放光彩。"天将降大任于斯人也，必先苦其心志，劳其筋骨，饿其体肤，空乏其身，行拂乱其所为，增益其所不能。"我们要想承大任于身上，就应当先磨炼自己。生活中的一次失败比起"劳其筋骨，饿其体肤"，又算得了什么呢？

古往今来，大凡有所成功的人，又有谁没经历过失败呢？失败是成功的阶梯。"失败的次数越多，成功的可能就越大"。仔细想想，失败其实也是一种成功——失败了，你就知道了这种方法行不通。当有人问起爱迪生为什么在经过1570次失败后仍不放弃时，爱迪生回答："我不认为那是1570次失败，相反，我成功地发现了1570种材料不适合做灯丝。"

伟人的人生尚且如此，作为凡人的我们又何必在乎生活中的一次失败呢？胜败乃兵家常事，失败并不要紧，要紧的是我们如何面对失败。英雄本色是在失败中奋起，在失败中前进，在失败中充实自我，在失败中吸取教训……越是失败，越要奋发图强；越是失败，越要坚持不懈，不达目的誓不罢休。在失败后重整旗鼓，最后总能获得成功。要知道，成功只青睐永不停息的拼搏者。只要你坚持不懈地拼搏，成功就会如期而至。

面对失败的挑战，不要低头，不要犹豫，因为成功是无数失败的积累。弱者的可怕在于失败后的沉沦，强者的可敬在于失败后的奋起。也许在山重水复疑无路的时刻，恰会迎来柳暗花明见坦途的契机。

正如坏的事情都有它好的一面一样，挫折对人们具有消极的一面，也必然有其积极的一面。我们要学会在挫折中反思，在逆境中奋进。

我们在不断地成长，也不断地在挫折中学习到很多东西。古罗马政治家、哲学家塞涅卡说过这样一句话，很能激励人：真正的人生，只有在经历过艰苦卓绝的斗争后才能获得。

一位名人曾说过："无论发生什么事，生活仍将继续。"因此说，无论遭遇过什么不幸，我们都应保持旺盛的热情。热情是进取的原动力，是心境的营养品。我们只要让热情始终燃烧，让自己始终处于一种兴致勃勃的状态，就会一直拥有生活中瑰丽的亮色。

屈从于现状，将会导致更大的失败

屈从于现状，受制于环境的人是弱者。总是屈从于情绪、屈从于现状、屈从于命运的人，其才华势必是要被埋没的，因为他不会坚持做自己喜欢的事，坚持做自己认为是正确的事，而这些事往往都潜藏了自己的能力。相反，成功的人就不会屈从现状，就像贝多芬说的那样："我要扼住命运的咽喉，它绝不能使我完全屈服。"

贝多芬是举世瞩目、受人敬仰的大音乐家。他出生于德国的一个音乐世家，自幼跟随父亲学习音乐，8岁时就举办了个人音乐会。22岁时，他已经在维也纳开始从事音乐教学和演出活动。

贝多芬自幼就表现出不凡的音乐素质。17岁时，他上门向音乐大师莫扎特求教。经过莫扎特的指导和专心致志的勤学苦练，贝多芬逐渐成长为一名杰出的音乐家，创作了数以百计的音乐作品。但从1816年起，贝多芬的健康状况越来越差，后来耳病复发，不久就失去了听觉。作为一个音乐家，这意味着将要离开自己喜爱的音乐艺术，这个打击简直比判了死刑还要痛苦，但是贝多芬以"我将扼住命运的咽喉，它绝不能使我屈服"的声音来告知世界他不会屈服。

于是，贝多芬又开始了与命运的长期抗争。除了作曲外，他还想担任乐队指挥。结果在第一次演奏时弄得大乱——他指挥的演奏比台上歌手的演唱慢了许多，使得乐队无所适从，混乱不堪。当别人写给他"不要再指挥下去了"的纸条时，贝多芬顿时脸色发白，慌忙跑回家。此时的他，痛苦至极，不言不语。

即使是经历这样的打击，也没能使他消沉，他又以极大的意志力对抗耳聋。耳朵听不到，他就拿一根木棍，一头咬在嘴里，一头插在钢琴的共鸣箱里，用这种办法来感受声音。这样，他不仅创做出了比过去更多的音乐作品，还能登台担任指挥了。1824年的一天，贝多芬又去指挥他的《第九交响乐》，博得全场一致喝彩。热烈的掌声响起来了，然而，他却丝毫没有听到，直到一个女歌唱家把他拉到前台时，他才看见全场纷纷起立，有的挥舞着帽子，有的热烈鼓掌。这种近乎狂热的反应，令贝多芬惊讶不已。

1827年，贝多芬不幸去世。他一生创作了9部交响乐，其中尤以《英雄交响乐》、《命运交响乐》、《田园交响乐》、《合唱交响乐》最为著名，此外还有32首钢琴奏鸣曲以及大量的钢琴协奏曲、小提琴曲协奏曲等，为世界音乐的发展做出了重要贡献。

贝多芬是个了不起的人。耳聋的现实对于一个音乐家来说是致命的打击，但贝多芬为了自己热爱的音乐事业，不向耳病屈服，而是以惊人的毅力努力着，并取得了举世瞩目的成就，实在是令人敬佩。

在海明威创作的《老人与海》这部作品中，老人说过这样的话："一个人并不是生来就要被打败的"，"人尽可以被毁灭，但却不能被打败。"的确，人不能向现实屈服，但凡屈从于现实的人，纵使有多么超人的才华，也无法发挥出来。

不可否认，在现实生活中，每个人都或多或少地存在着这样那样的缺陷。当承认了这个缺陷并努力去战胜它而不是去屈从它的时候，就已经获得了成功。就像捕鱼的老人，无论最后是捕到一条完整的马林鱼还是一副空骨架，这都已经无所谓了，因为一个人的生命价值已在那追捕马林鱼的过程中充分地体现了。曾经为自己的理想努力追求过、奋斗过，难道他不是一个胜利者吗？

从世俗胜利观的角度看，老渔夫不是最后的胜利者，因为尽管开始时他战胜了大马林鱼，但最终大马林鱼还是让鲨鱼吃了，他只是带着大马林鱼的白骨架子回到了岸上，也就是说，鲨鱼才是胜利者。可是，在理想主义者眼里，老渔夫就是胜利者，因为他始终没有向大海，没有向大马林鱼，更没有向鲨鱼屈服、妥协和投降。

　　人性是强悍的，但人类本身有自己的限度，正是因为有了老渔夫这样的人一次又一次地向限度挑战、超越，这个限度才一次次扩大。从这个意义上来说，不管他们挑战限度是成功还是失败，都值得我们永远敬重。因为，他们带给我们的是人类最为高贵的自信，是对未来的勇敢追求，是对现实、对命运的挑战和不屈服。

　　人生是一种无止境的追求，是对幸福生活、对成功事业、对兴趣爱好等一切美好事物的追求。只要是自己认为正确的事，就要热切地去追求。虽然这条追求的道路是漫长、艰难、充满坎坷，但只要自己勇敢顽强地以一颗不向现实、困难屈从的心去迎接挑战，就将是一个真正的胜利者！

你可以相信命运，但不应臣服于命运

在自然界中，强风暴雨吹倒了许许多多的花草树木，使它们再也不能继续生长。但也有一些树木，却因为那些风吹雨打的考验，而让生命力愈加顽强。经过暴风雨的洗礼，它们的根扎得更深，它们的树干更粗——那些原本脆弱卑微的生命力，变得如此的顽强，如此的坚忍不拔。

在人生的旅途中，我们也时常遭受到暴风雨的打击，但为什么有的人会因此失败，有的人反而获得了成功呢？难道是命运在作祟？为什么有些人经过挫折后变得懦弱，有些人却变得更坚强呢？

人生犹如一条道路，这条道路蜿蜒崎岖，也会受到风雨的来袭。但真正有毅力的人终会将其战胜，走出自己的精彩。

海伦·凯勒的名字在全世界都不陌生。

她好像注定要为人类创造奇迹，或者说，上帝让她来到人间，是向常人昭示残疾人的尊严和伟大。

1882年，在她19个月大的时候，因为发高烧，脑部受到伤害，从此以后，她的眼睛看不到，耳朵听不到，后来，连话也说不出来了。

她在黑暗中摸索着长大。7岁那年，家里为她请了一位家庭教师，也就是影响海伦一生的沙利文老师。沙利文在小时候眼睛也差点失明，理解失去光明的痛苦。

在她的用心指导下，海伦用手触摸学会手语，摸点字卡学会了读书，后来用手感知别人说话时的唇形，终于学会说话了。

沙利文老师为了让海伦接近大自然，让她在草地上打滚，在田野跑跑跳跳，在地里埋下种子，爬到树上吃饭，还带她去摸刚出生的小猪，也到河边去玩水。

就这样，海伦在老师爱的关怀下，竟然克服了失明与失聪的障碍。在导师安妮·沙利文的努力下，她学会了说话，并开始和其他人沟通。

海伦知道，如果没有老师的爱，就没有今天的她，她决心要把老师给自己的爱发扬光大。

海伦跑遍美国大大小小的城市，周游世界，为残障人士人到处奔走，全心全力为那些不幸的人服务。

海伦把一生都献给了盲人福利和教育事业，赢得了全世界人民的尊敬。

海伦·凯勒终生致力于服务残障人士，她一生写了14本书，处女作《我的生活》一出版，立即引起了轰动，被誉为"世界文学史上无与伦比的杰作"。

海伦以坚强的意志和卓越的贡献感动了全世界。她那不屈不挠的奋斗精神，她那带有传奇色彩的一生，让世界为之感动。

马克·吐温曾经说过，19世纪出现了两个了不起的人物，一个是拿破仑，一个就是海伦·凯勒。

当我们再次回顾海伦·凯勒所经历的风雨考验时，我们可以想象，她要以多大的勇气来面对人生的风雨，要以多大的毅力、信念来实现自己的理想。

在生活中，每个人都会经历许许多多的风雨考验，在人生道路上所遭受的风雨是磨砺我们意志的体验。当我们失败或不顺的时候，如果坚信再试一次，也许就能看到雨后的彩虹。那么，不管有多大的困难，都不能阻碍我们前行的脚步了。

在人的一生中，遭受挫折，经历风雨是必然的。假如没有经历过挫折、苦难，我们是不会成长起来的。没有感受到苦难，就会不思进取，就会对人生的意义产生误解，以为人生就一定是顺顺利利的，这样下去，有一天，当我们体会到人生坎坷的时候，我们就会屈服于困难与阻碍，不能以坚强的意志来面对，或是抱怨上天：为什么幸运之神总是不眷顾自己？这样，只会使我们碌碌终生，毫无建树。而只有经受住了风雨的考验，我们才能更勇敢、更坚强，我们的人生才更壮美，更有意义。

在人生的道路上，我们随时都有可能失败。在面对失败的时候，也许我们会伤心、气馁，甚至想到要放弃。但人生的道路是很漫长的，每个人都要经历很多风雨，每个人都难免会有跌倒和彷徨的时候。如果一次次地放弃了，那么，我们的意志将越来越薄弱，再多的考验也经受不了。当遇到不顺的时候，我们可以试着坚强起来，不要怨天尤人，而是以乐观积极的心态面对，因为这是生活对我们的考验。只有勇敢地面对风雨，才能摆脱命运加在我们身上的层层枷锁，才能乘风破浪奋勇前行，才能到达胜利的彼岸。

在挫折中继续前进

在生活中，每个人都会遭遇这样那样的挫折，比如有的人生来清贫，有的人收入不高，有的人工作不如意，有的人婚姻不称心……

艾森豪威尔年轻的时候，有一次和家人玩牌，他连续几次都拿到很糟糕的牌，情绪非常不好，态度也随之恶劣起来。他母亲看他这个样子，就说了令他刻骨铭心的话："你必须用手中的牌玩下去。就好比人生，发牌的是上帝，不管是怎样的牌，你都必须拿着，你所做的就是尽你的全力，求得最好的结果。我们不能去抱怨生活的不幸及命运的不公，因为上帝已经给我们每一个人定位。但是人生的过程却掌握在自己手中，适时地调整与适应，才是你首先要做的。"

塞翁失马，焉知非福？碰到挫折，不要畏惧、不要退缩，从某方面说，挫折正是历练意志的武器。唯有挫折与困境，才能使一个人变得坚强，变得无敌。

有个渔人有着一流的捕鱼技术，被人们尊称为渔王。然而渔王年老的时候却非常苦恼，因为他的三个儿子的渔技都很平庸。

于是他经常向人诉说心中的苦恼："我真不明白，我捕鱼的技术这么好，我的儿子们为什么这么差？我从他们懂事起就给他们传授捕鱼技术，从最基本的东西教起，告诉他们怎样织网最容易捕捉到鱼，怎样划船最不会惊动鱼，怎样下网最容易吸引鱼。他们长大了，我又教他们怎样识潮汐，辨鱼汛……凡是我辛辛苦苦总结出来的经验，我都毫无保留地传授给了他们，可他们的捕鱼技术竟然赶不上技术比我差的渔民的儿子。"

一位路人听了他的诉说后，问道："你一直手把手地教他们吗？"

"是的，为了让他们学到一流的捕鱼技术，我教得很仔细很耐心。"

"他们一直跟随着你吗？"

"是的，为了让他们少走弯路，我一直让他们跟着我学。"

路人说："这样说来，你的错误就很明显了。你只传授给了他们技术，却剥夺了他们遭遇挫折的机会。没有经受挫折的考验，就不能使人成大器。"

　　哲学家斯巴昆说："有许多人一生之伟大，来自他们所经历的大困难。"精良的斧头、锋利的斧刃是从炉火的锤炼与磨削中得来的。曾有一位著名的科学家说，当他遭遇到一个似乎不可超越的难题时，就知道自己快要有新的发现了。初出茅庐的作家，把书稿送给出版社，往往要遭受"退稿"的痛苦经历，但却因此造就了许多著名的作家。挫折足以点燃一个人的热情，唤醒一个人的潜力，让他在经受挫折后能勇敢地面向前方的路，继续前行。

第四章

无论遇到什么，
都得积极向上

可以一无所有，但不能失去自信

　　在现实生活中，纵使你一无所有，也不能让自己丧失信心。如果没有信心，你就真的一钱不值了。有了信心，就可以发挥无穷的力量，让你创造奇迹。

　　做人有信心是一个人有志气、有能力的表现，做人做事无信心，是做人底气不足的表现。信心来自个人的追求，来自个人知识的积累、来自个人才干的增加。做事有信心，是对自己所要做的事有一个正确的判断，对自己的学识和能力有个正确的判断，对做事的主客观条件有个正确的判断。不是头脑发热、盲目蛮干，更不是头脑简单。

　　有这样一个已经让人耳熟能详的例子：

　　小泽征尔是世界著名的交响乐指挥家。在一次世界优秀指挥家大赛的决赛中，他按照评委会给的乐谱指挥演奏，敏锐地发现了不和谐的声音。起初，他以为是乐队演奏出了错误，就停下来重新演奏，但还是不对。他觉得是乐谱有问题。这时，在场的作曲家和评委会的权威人士坚持说乐谱绝对没有问题，是他错了。面对一大批音乐大师和权威人士，他思考再三，最后斩钉截铁地大声说："不！一定是乐谱错了。"话音刚落，评委席上的评委们立即站起来，报以热烈的掌声，祝贺他大赛夺魁。

原来，这是评委们精心设计的"圈套"，以此来检验指挥家在发现乐谱错误并遭到权威人士"否定"的情况下，能否坚持自己的正确主张。前两位参加决赛的指挥家虽然也发现了错误，但终因随声附和权威们的意见而被淘汰，小泽征尔却因充满自信而摘取了世界指挥家大赛的桂冠。

正在打拼的你，或许思维不够敏捷，才华不如别人；或许衣冠简朴，比不上别人豪华富贵；或许出身贫寒，比不上别人系出名门……如果你只是众生中普通的一员，那么你是在强者高大的阴影下痛苦抱怨，自甘平庸，还是跳出黑暗，给自己寻找一片阳光呢？痛苦是悲观者的影子，心胸坦荡的乐观者则会从容不迫地转过身子，寻找到属于自己的一片明亮灿烂的阳光。正如契诃夫所说，小狗也要大声叫。拥有信心，你的人生才拥有无限的可能。

　　有一位女歌手，第一次登台演出，内心十分紧张。想到自己马上就要上场，面对上千名观众，她的手心都在冒汗："要是在舞台上一紧张，忘了歌词怎么办？"越想她的心跳得越快，甚至产生了打退堂鼓的念头。就在这时，一位前辈笑着走过来，随手将一个纸卷塞到她的手里，轻声说道："这上面写着你要唱的歌词，如果你在台上忘了词，就打开来看。"她握着这张纸条，像握着一根救命的稻草，匆匆上了台。也许因为有那个纸卷握在手心，她的心里踏实了许多。

　　结果，她在台上发挥得相当好，完全没有失常。她高兴地走下舞台，向那位前辈致谢。前辈却笑着说："是你自己战胜了自己，找回了自信。其实，我给你的是一张白纸，上面根本没有写什么歌词。"她展开手心里的纸卷，上面果然什么也没写。她感到惊讶，自己凭着握住一张白纸，竟顺利地渡过了难关，获得了演出的成功。

　　"你握住的并不是一张白纸，而是你的自信啊。"前辈说。

　　歌手拜谢了前辈。在以后的人生路上，她就是凭着握住自信，战胜了一个又一个困难，取得了一次又一次成功。

　　自信，可以说是英雄人物诞生的孵化器，一个个略带征服性的自信造就了一批批传奇式人物。然而，自信不仅仅造就英雄，也是平常人人生的必需，缺乏自信的人生，也不会是完整的人生。

　　信心是做人做事的基础，做事没有信心，就不会积极努力，更不会主动想办法，做好自己想做的事情。只要拥有信心，便拥有成功的无限力量，便能够激发内心无限的潜能。拥有信心，前方不再黑暗；拥有信心，困难不再可怕；拥有信心，你就拥有了改变人生的资本。

积极的人更容易得到命运的馈赠

不可否认，一个怀抱坚定积极信念的人，是对自己内心有完全支配能力的人，那么他对自己有权获得的任何其他东西也会有支配能力。这样的人，更容易赢得命运的青睐，也就能拥有更多的机遇。也就是说，当你用积极的信念和积极的行动来应对生活的时候，很可能会意外地收获许多机遇。

世界上没有一成不变的事情，你的体验，你的感受，你的生活态度都可以改变。用一种积极的态度去对待人生，往往会有令人惊喜的效果。

有两位年届70的老奶奶，一位认为到了这个年纪可算是人生的尽头，于是便开始料理后事；另一位却认为一个人能做什么事不在于年龄的大小，而在于有什么样的想法。

于是，她在70岁高龄之际开始学习登山，在95岁的时候，她登上了日本的富士山，打破了攀登此山年龄最高的纪录。

70岁开始学习登山，这是一大奇迹，但奇迹是人创造出来的。成功人士的首要标志，是他思考问题的方法。一个人如果是个积极思维者，进行积极思维、喜欢接受挑战和应付麻烦事，那他就成功了一半。

老奶奶的故事，有力地说明了积极的人更容易实现自己的梦想，更容易获得命运之神馈赠的良机。

没有哪一个人的一生会是一帆风顺的，在人生的旅途上，总会充满风雨和泥泞。然而，无论前面有怎样的困难，只要我们以积极的心态去对待它们，就能成就人生的辉煌。

有这样一个故事：

山里住着一位以砍柴为生的樵夫。他不辞辛劳地建造了一所房子，从此免受风雨的侵袭，日子过得很舒坦。

有一天，他把砍好的木柴挑到城里，换回了许多必需品，忙碌了大半天，直到黄昏时分才回到家。可是，他却发现心爱的房子不知什么原因起火了。左邻右舍都来帮忙救火，但是傍晚的风势过于猛烈，最后还是没有将火扑灭。一群人只能静待一旁，眼睁睁地看着炽烈的火焰吞噬了整个房屋。

当大火终于被扑灭的时候，樵夫手里拿了一根棍子，跑进废墟里不停地翻找着。围观的邻人以为他在翻找藏在屋里的珍贵宝物，所以都好奇地在一旁注视着他的举动。过了半晌，樵夫终于兴奋地叫道："我找到了！我找到了！"邻人纷纷上前一探究竟，才发现樵夫手里拿着的是一把斧头，根本不是什么值钱的宝物。

樵夫兴奋地说："只要有这把斧头，我就可以再建造一个更坚固耐用的房子。"

故事中的樵夫就是这样一个乐观的人，他在遇到挫折的时候，没有一蹶不振，而是找到自己的核心实力，用积极的心态来对待，相信总有一天，他会再次获得成功的青睐。

除此之外，还有另外一个小故事可以向你证明做一个积极的人的重要性：

1930年正值大恐慌，是美国历史上经济最恶劣的时代。到处可见工厂倒闭、商店破产，成千上万的人失业，各行各业都一再减薪，免费餐店和发放面包的地方排起长龙。

就是在这样一个秋天的下午，皮尔在没落的第五大街见到老朋友弗雷德。

"过得还好吗？"皮尔试探着问。弗雷德穿着深蓝色的西装，老式西装磨出了一层油光，谁都能看出那套西装穿了有多久了，他说话的口吻和过去一模一样，一点儿也没有改变。

"没有问题，我过得很好，请不用担心。失业很久当然是事实，我每天早晨都到城里各处找工作。这么大的一个城市一定有适合我的工作，只要耐心寻找，一定会找到的。"他说。

"你总是这样笑嘻嘻的吗？"皮尔问他。

他回答说："这不是很合理吗？我记得在哪里看见过这样的话，说绷起脸时要用60条肌肉，但笑的时候只要用14条肌肉。我不想绷起脸，过度使用肌肉。"

他站在挤满了急于找工作的失业者的大街上，乐观地向自己的朋友保证，说自己一定能够获得工作。确实如此，后来，弗雷德和一个具有发明才能的人共同创业，在新的领域中，弗雷德充满创意的构想让他最终获得了成功。

相比弗雷德的成功而言，他积极的生活态度，更值得我们敬佩。在同样的挫折面前，消极的人会跨不过这个绊脚石，而积极的人却能够让它成为铺路石，从中寻找到机会。

正在奋斗中的年轻人，和事业有成的人相比，虽然可能一无所有，但人生还有无限的可能，为什么不积极一些呢？

当然，你会遇到不顺心的事情，但只有微笑着去接受它，才能真正享受到上天的恩赐。看看那些成功的人，哪一个不是拥有坚定的信念，始终对生活微笑的呢?

　　因此，做一个乐观积极的人吧，当你的生活被灿烂的阳光照耀时，你会更容易看到机遇的身影。

走自己的路，让别人去说

　　年轻人想法很多，也很独特，但是却又常常受到别人的质疑。被怀疑得多了，就容易觉得自己错了，然后就改变了自己的初衷。

　　其实，当你踏上一条陌生的道路时，你要走你认为对的路，因为路是由自己选择的，只有走下去才知道它正确不正确。沿着别人的脚印走，不仅走不出新意，有时还可能跌进陷阱。所以，不要被他人的论断束缚了自己前进的步伐，要追随你的热情，追随你的心灵，它们将带你到想要去的地方。

　　维克托是位法国画家，他的父亲是位外交官，与大画家毕加索是好朋友。维克托从小喜欢画画，他14岁那年，父亲带他去见毕加索，想让这位大画家收儿子为徒。可是，毕加索看了维克托的画后，当即拒绝了。

"你想让他做一个真正的画家，还是做一个毕加索第二？"毕加索问。

"我想让他像您那样成为一个真正的画家。"外交官回答。

"如果是这样的话，你就立即把他领回去。"毕加索说道。

40年后，维克托的画第一次进入苏富比拍卖行，一幅画拍到160万英镑。虽然他的画价只有毕加索的几十分之一，但他仍然非常高兴。

有一次，记者采访他。他感慨地说："毕加索不愧为真正的大艺术家，他知道收徒就是抹杀个人的天性。我真庆幸他当年拒绝了我父亲的请求。"

在现实生活中，我们必须学会有主见，掌握自己的命运，因为你无法得到每个人的认同或赞许。别人的赞许的确能使人高兴，但假如没有赞许就忧心忡忡，闷闷不乐的话，就很容易失去信心。如果总是寻求别人的赞许，就相当于在说："不要相信自己，先听别人的意见如何。"发展下去就会逐步怀疑自己，让自己越来越受到别人的支配。由于我们不认同自己，导致我们会按照别人的要求来生活，所以一直都被束缚着，个性没有得到发展，而且活得太累。但是请记住，人要成长，必须学会走自己的路，不能盲目地跟随别人。

剑桥郡的世界第一名女性打击乐独奏家伊芙琳·格兰妮说："从一开始我就决定：一定不要让其他人的观点阻挡我成为一名音乐家。"

她生长在苏格兰东北部的一个农场，从8岁时就开始学习钢琴。随着年龄的增长，她对音乐的热情与日俱增。但不幸的是，她的听力却在渐渐地下降，医生们断定这是由于难以康复的神经损伤造成的，而且断定到十二岁，她将彻底耳聋。可是，她对音乐的热爱却从未停止过。

她的目标是成为打击乐独奏家。为了演奏，她学会了用不同的方法"聆听"其他人演奏的音乐。通常她只穿着长袜演奏，这样她就能通过身体和想象感觉到每个音符的振动，她几乎用她所有的感官来感受着她的整个声音世界。

她决心成为一名音乐家，于是，她向伦敦著名的皇家音乐学院提出了申请。因为以前从来没有一个聋学生提出过申请，所以一些老师反对接受她入学。但是，她的演奏征服了所有的老师，她顺利地入了学，并在毕业时荣获了学院的最高荣誉奖。从那以后，她就致力于成为专职的打击乐独奏家。最终，她实现了理想。

你的路在自己的脚下，也在自己的心中。如果一味地在意别人的看法，势必会影响你的方向，导致你无法实现自己最初设立的目标。只有坚持走自己的路，才能获得不一样的成功。

一个人要穿过沼泽地，因为没有路，便试探着走。虽很艰险，但摸索着前进，竟也能找出一段路来。可好景不长，没走多远，他不小心一脚踏进烂泥里，沉了下去。

后来，又有一个人要穿过沼泽地，看到前人的脚印，便想：这一定是有人走过，沿着别人的脚印走一定不会有错。他用脚试着踏去，果然实实在在，于是便放心走下去……最后也一脚踏空，沉入了烂泥。

接着，又有一个人要穿过沼泽地，看着前面两人的脚印，想都未想便沿着走了下去，他的命运也是可想而知的。

上天给了我们头脑，就是让我们选择自己想走的路，因为没有人可以改变你的思维模式。潇潇洒洒地走自己的路，做自己喜欢的事，实现自己的人生价值，这才是人生最大的乐趣。

所以，前行路上的人们，请记得常常提醒自己，坚持自己的个性，力求在纷杂的社会里保持一颗相对纯净的心。走自己的路，让别人去说吧。只有坚持走自己的路的人，才能闯出一片属于自己的天地。

多走一里路，交通不堵塞

现如今，很多人往往觉得自己只要做好分内事就行了，何必做分外事呢？其实不然，就像交通一样，如果大家都想着走最近的路，那么最近的路就会成为最堵塞的路。

事实上，生活的乐趣就在于随时伸出手去帮助别人，工作的责任就是不分"分内分外事"，只要是有益处的事，都要亲力亲为，尽心竭力。

只做分内事，你的眼光就会因视野的局限而愈加局限，你的能力就会因经受的锻炼有限而更加有限，你的心胸也会因小事上的狭窄而变得愈加狭窄。要想获得成功，这显然是不行的。

在工作中，我们不管能力如何，一定要沉住气，多做事，抱着"梅花香自苦寒来"，"板凳甘坐十年冷"的精神，千万不要眼高手低。踏踏实实工作，上司总会重用你。

在你的工作中，如果你是以心不甘情不愿的心态去工作的，那么你可能得不到任何回报，如果你只是从为自己谋取利益的角度工作，那么你可能连你希望得到的利益也得不到。在工作的时候，心甘情愿地多付出一点，比别人多做一点，那么你所付出的将会使你得到更多。

仔细观察你会发现，其实很多人成功的秘诀都并不深奥，不过是他们比别人多做了一些而已。而这些，可以让他们的技巧与能力得到进一步提升，具有更强大的生存力量。

阿华是一家公司的秘书。她的工作就是整理、撰写、打印一些材料。她的工作单调而乏味，很多人都这么认为。但她不觉得，她觉得自己的工作很好，阿华说："检验工作的唯一标准就是你做得好不好，而不是别的。"

整天做着这些工作，做久了，阿华发现公司的文件中存在着很多问题，甚至公司的一些经营运作方面也存在着问题。

于是，阿华除了每天必做的工作之外，还细心地搜集一些资料，甚至是过期的资料，她把这些资料整理分类，然后进行分析，写出建议。为此，她还查阅了很多有关经营方面的书籍。

后来，她把打印好的分析结果和有关证明资料一并交给了老板。老板起初并没有在意，一次偶然的机会，老板读到了阿华的这份建议。这让老板非常吃惊，这个年轻的秘书，居然有这样缜密的心思，而且她的分析头头是道，细致入微。后来，阿华的建议中有很多条都被采纳了。

老板很欣慰，他觉得有这样的员工是他的骄傲。当然，阿华也被老板委以重任。

只做本职工作，始终盯着岗位要求的员工只能说是一个合格的员工。如果每次你都能比别人早一步完成工作，比别人做得更好一些，你就已经有了成功者的资质了。要做到这些并不难，只要比别人早做一步，比别人多做一些，你就掌握了胜出之道。

只做分内事，纵然做得再好，也会使自己只关心自己的小天地，甚至逐渐与外界隔离开来。单打独斗的英雄，永远不是成功的英雄。成功者有时就是"不分你我"的人，多做点事就是多经受锻炼，多做点事就是多给别人带来快乐，何乐而不为呢？

对于正在奋斗的人来说，要明白做分外事的意义，不要总想着逃避任务。要把每个任务都当成是一个机会，一个锻炼自己、表现自己的机会，一个让你与众不同的机会。如果你能认真对待每个临时任务，拿出超越期望的答卷，那么，当升迁的机会来临时，幸运的天平就会向你倾斜。每天多做一点点，多走一里路，交通就不会堵塞，你的人生之路也会更加宽阔。

树立危机意识，催促自己前行

在人的一生中，危机处处都有，可以说是防不胜防。其实，生命就是一切危机的累积总和——生理成长，社交情谊，创业守成，无不危机重重。总括一句，危机是必然，也是必不可少的。然而，危机并非祸患，它只是一种必然的过程。人虽有危机之患，但它未必成祸，关键在于你是否具有危机意识，能否在危机来临的时候将危机转化为机遇。如果你没有危机意识，那么危机只会成为厄运。

伊索寓言里有一则这样的故事：

有一只野猪对着树干磨它的獠牙，一只狐狸见了，问它为什么不躺下来休息享乐，而且现在没看到猎人。野猪回答说：等到猎人和猎狗出现时再来磨牙就来不及啦。

这是一只具有"危机意识"的野猪，拥有"危机意识"的野猪会时刻戒备着猎人和猎狗，它也就成了存活率最高的野猪。

然而，有很多人都一直生活在一个相对安全的社会环境之中，导致普遍缺乏危机意识，甚至认为安全是理所当然的事，危机不可能降临到自己身上，更没有必要为危机进行各种准备。但实际上，我们这个世界变化很快，危机离我们并不远。

然而，危机并不可怕，可怕的是没有危机意识。大自然中的生存法则足以让我们理解这样的道理。清晨，在非洲草原上的羚羊从睡梦中醒来，它就会意识到危机的存在，意识到新的比赛就要开始了，对手仍然是跑得比它快的狮子，要想生存下来，就必须在速度上超越对手。另一方面，狮子的思想负担也很重，假如跑不过最慢的羚羊，那么最终的命运也是一样，所以说，面对新的一天，太阳升起来的时候，意识到危机的存在，那么为了生存下去最好的办法就是跑得快一点儿。

由此可见，无论是强大的狮子还是弱小的羚羊，在物竞天择的自然界中都面临着生存的危机。要想逃避死亡的追逐，首先要战胜心理的危机，战胜自己，要求自己必须越跑越快。如果意识不到存在着这样的危机，稍一松懈，就会成为别人的战利品，绝对不会再有重赛的机会。

危机还能成为一种动力。众所周知，日本和新加坡都是岛国，弹丸之地，资源匮乏，面临着生存的挑战。然而正是这样的自然条件，才使得他们有了一种深深的忧患意识和危机感，从而取得了巨大的经济成就，成为当今世界为之瞩目的国家。

"鲇鱼效应"同样说明了这个道理：

挪威人喜欢吃沙丁鱼，尤其是活的，因此渔民总是千方百计地让沙丁鱼活着回到渔港。可是虽然付出了许多努力，但绝大部分的鱼还是在途中窒息而死。然而，有一条船总能让大部分沙丁鱼活着回到渔港。

原来，船长在装满沙丁鱼的鱼槽里放入一条吃鱼的鲇鱼。鲇鱼进入鱼槽后便四处游动。而沙丁鱼见了鲇鱼十分紧张，四处躲避，加速游动，这样，沙丁鱼便活蹦乱跳地回到了渔港。可见，沙丁鱼是因承受了外界的刺激和压力才保持了生机和活力的。

人其实也一样，危机同样可以成为个人获得快速发展的源源不尽的动力。

某航空公司采用"道沟"理论，即"为每个员工前面铺一条路，后面挖一条沟"，或者说"前面放一块金锭，后面放一只老虎"。争上岗制度和末位淘汰制度是全体员工身后的一条"沟"。每年一次考评，管理层员工如果不称职或连续两年基本称职则会被淘汰，对素质跟不上但暂不淘汰的员工实行下岗，待岗轮训制度每年强制淘汰率为5%，真正实现了"干部能上能下，员工能进能出，工资能升能降，机构能设能撤"的动态模式。

实行该制度后，员工只能前进，不能后退，唯一的选择是义无反顾地往前冲。每名员工都时刻保持着危机意识，个人的创造力和价值因而得到了最大程度的发挥。正因为如此，一家看似不大的公司，获得了市场上20%的利润，让同行和专家羡慕不已。

要明白，未来是不可预测的，而人也不是天天走好运的，就是因为这样，我们才要有危机意识，在心理及实际作为上有所准备，好应付突如其来的变化。如果没有准备，就不要谈应变了，光是心理受到的冲击就会让你手足无措。有危机意识，或许不能把问题消除，但却可以把损害降低，为自己打造生路。

勇敢表现自己最出色的一面

一匹千里马如果能遇到伯乐是十分幸运的，但"千里马常有，而伯乐不常有"，这就告诉我们应该勇敢表现自己最出色的一面。

有人说："人生在世，学会表现自己才能在广阔的空间里争得一席之地。"大自然的万物都在表现自己，如果小溪不表现自己，就不会有悦耳的水声；如果春笋不表现自己，就不会有浓郁的竹林……

我们知道，一匹千里马如果能遇到伯乐是十分幸运的，但"千里马常有，而伯乐不常有"，这就告诉我们应该勇敢表现自己最出色的一面。尤其是在这样一个就业形势严峻、人才竞争激烈的大环境之下，表现自己才能提升自己，才能使我们从一个默默无闻的"小卒"晋升为人所周知的"大腕"，才能让平淡的生活充满惊喜。

看看那些成功人士的经验，表现自己的重要性显而易见。翻开史册，战国时期的毛遂，三国时的黄忠，还有许多的改革家，这些人无不怀有远大抱负，但更让我们钦佩的是他们勇于自荐，他们充分相信自己的能力。由于自荐，他们才没有被埋没。

当今社会，善于表现不仅是自身发展的前提条件，更是让自己永远保持一种奋斗精神的需要。现在有些人不理解那些勇于自荐，善于表现的人，说那是"出风头"、"爱炫耀"等。事实并非如此，我们每个人都有向他人展示自己才能、学识并得到认可的欲望，只不过有的人激流勇进，有的人畏缩不前罢了。我们可以打这样一个比方，一种刚刚进入市场的产品，如果公司不对其进行适当的市场推广，这种产品就很难让消费者知道，更别说拥有广阔的市场销售空间了。推物及人，谁积极地表现自己，谁才会赢得更多发展自己的机会。如果你身怀绝技，但藏而不露，他人就无法了解，到头来你也只能空怀壮志，怀才不遇。而拥有积极表现欲的人总是不甘寂寞，喜欢在人生舞台上唱主角，寻找机会表现自己，让更多的人认识自己，让伯乐选择自己，使自己的才干得到充分发挥。从某种意义上说，积极地表现自己是推销自己的前提。

某知名文化公司新招聘来几位大学毕业生，其中有一个男生敢想敢说，表现欲较强，事事走在前面，有出色的表现。在公司领导眼中他是个难得的人才，而且他也的确不负众望，策划了几次重大的公关活动，为新项目打开局面做出了贡献。不久他就成为公司最年轻的经理。

相反，与他同来的两位毕业生，在学校时成绩很突出，但是因没有出众的表现，工作平平，始终没有大的发展。他们之间的距离就这样渐渐地拉开了。

在这里，不能不说表现欲的强弱是取得成功的一个重要制约因素。一个有才干的人能不能得到重用，很大程度上取决于他能否在适当场合展示自己的才能。

任何成功者都离不开表现自己。没有人喜欢那种软弱、优柔寡断的人，这种人总是瞻前顾后，唯唯诺诺，担心表现自己的后果。因此，他们成功的机会也就很少。但也有人提出疑问：我本身就是一个性格内向的人，不喜欢在众人面前表现自己，甚至不喜欢把自己的喜怒哀伤告诉别人，宁愿自己一个人去承受，也不愿意对人倾诉。殊不知，性格内向的人往往不善交际，很难适应环境，融入环境，显然这对个人的职业发展是有非常大的不利影响的。

媛媛今年26岁，在一家外贸公司工作。由于父母对其管教比较严厉，致使媛媛从小就孤僻内向，不爱说话，也没有什么朋友。大学四年，除了宿舍里的几个室友外，媛媛和其他同学很少往来，甚至与同班的一些男生根本没说过话。工作后，媛媛勤奋踏实，但仍然不善于表现自己，不能让领导看到她的能力和优势所在，因此错过了很多晋升的机会，与成功失之交臂。

人的性格是指人对待客观事物的态度以及与之相适应的习惯化行为方式，它是人的个性中最重要的心理特征，在一个人的为人处世中起着核心作用。但是人的性格是在内部环境和外部环境的相互作用中形成的，同时也可以在自身因素和外部环境的影响下发生变化。也就是说，人的内向性格是可以通过一定的方式改变的。并不是说你一定要强迫自己去做自己不喜欢或者不擅长的事情，而是要善于发现自己的潜能，不断地突破自己，超越原来的自己。你可以尝试每个月参加一两次社交活动，在大家面前谈论自己的想法，发表自己的见解，只要和话题相关，就很容易被大家所接受和认同。另外也要学会接受自己和肯定自己，发现并发展自己的优点，待羞怯感逐渐消失，一种强有力的自信就会在心中萌生出来，有了自信，自然就会非常容易在众人面前表现出自己最出色的一面。

总之，成功与表现自己是分不开的，只有勇敢地表现出自己最出色的一面，你的能力才能越来越强，你离成功才会越来越近。表现自己会让你的人生与众不同；表现自己会让你将工作越做越好，使你不断获得升迁。

当然了，表现自己还应具备一定的实力，否则就是过分地夸大自己，张扬自己，炫耀自己，终将一事无成。

做好迎接挑战的准备

　　凡事都要尽早做准备，只有这样，才能从容自如地面对人生路上的种种挫折与困难，才能一步一步走向理想的殿堂，实现自己的理想。

　　成功的美酒，人人都渴望啜饮。令人钦羡的成功人士之所以能够登上事业的顶峰，一览众山小，是因为他们都是"先下手为强"的高手。当其他人还在山脚徘徊不前时，他们早已开始了艰难的攀登，他们不踌躇、不彷徨，认定了就勇往直前。

　　高尔夫界有名的球手大卫·汤姆斯曾说："成功来自事前充分的准备。"海尔集团总裁张瑞敏曾说："未来是不可预测的，唯有现在做好准备。每个人，每个企业不会绝对成功，只有相对成功，因此永远都要为成功做准备。"

　　是的，凡事都要尽早做准备，只有这样，才能从容自如地面对人生路上的种种挫折与困难，才能一步一步走向理想的殿堂，实现自己的理想。

公元前496年，吴王派兵攻打越国，但被越国击败，吴王也伤重身亡，临死前，他嘱咐儿子夫差要替他报仇。夫差牢记父亲的话，日夜加紧练兵，准备攻打越国。

过了两年，夫差率兵攻打越国，勾践惨败，且被包围，无路可走，准备自杀。这时谋臣范蠡为勾践出策：假装投降，留得青山在，不怕没柴烧。而吴王夫差也没有听从老臣伍子胥的劝告，留下了勾践等人。

勾践带着妻子和大夫范蠡到吴国伺候吴王，放牛牧羊，终于赢得了吴王的信任。三年后，他们被释放回国。

勾践回国后，立志发愤图强，准备复仇。他怕自己贪图舒适的生活，消磨了报仇的志气，晚上就枕着兵器，睡在稻草堆上，他还在房子里挂上一只苦胆，不时会尝尝苦胆的味道，为的就是不忘过去的耻辱。他派文种管理国家政事，范蠡管理军事，并亲自到田里与农夫一起干活，妻子也纺线织布。勾践的这些举动感动了越国上下官民，经过十年的艰苦奋斗，越国终于兵精粮足，转弱为强，并且一举击败了吴国。

越王勾践为了复国，饱受屈辱和折磨，并始终坚持自己的信念，为有朝一日的复国大业做了充分的准备。"皇天不负有心人"，他最终实现了自己的理想，成就了自己的一番春秋霸业。

在工作中何尝不是如此，提早做好充分的准备，才能更快地想出解决问题的策略，更快地付诸行动，更快地使目标达成。俗话说"笨鸟先飞早入林"、"早起的鸟儿有虫吃"，即使我们不是"笨鸟"，也要"先飞"，也要"早起"，因为只有提前做好准备，我们才能比别人更早、更多地获得机会，比别人更早、更容易地获得成功。

没有人不渴望成功，也没有人不羡慕别人的成功，但是却很少有人为成功做积极而充分的准备。拿破仑·希尔曾经说过："自觉自愿是种极为难得的美德，它驱使一个人在没有人吩咐应该去做什么事之前，就能主动地去做应该做的事。"几乎所有的领导最先看到的都是那个第一个完成工作、又把工作完成得非常出色的人，如果一个人事事做足充分的准备，那么他就没有理由不受到领导的重视和青睐，没有理由不出类拔萃，没有理由不从众多员工中脱颖而出。

"没有人随随便便成功"，所以成功者总是极少数，多数人都是做着成功的白日梦而走进坟墓。这个世界上一切美好的东西都需要我们主动去争取，机会常常属于那些跑在前面的人，要记住，出色来自于早做准备。

第五章

只有惜时如金，
才能获得更大的成就

只有争分夺秒，才能抢占先机

为什么成功的人都是那些争分夺秒，珍惜时间的人？因为争分夺秒、珍惜时间的人能够抢占先机，而在瞬息万变的市场经济时代，先机就意味着财富，意味着成功。所以，二十几岁的年轻人，如果你想早日获得成功，你就得争分夺秒。

我们都知道，贝尔被称为"电话之父"，然而这后面还有一个小故事：1875年6月2日，贝尔和助手沃特森经过长时间的努力，终于制成了世界上第一台实用的电话机。1876年3月3日，贝尔的专利申请被批准。

其实，在贝尔申请电话专利的同一天几小时后，另一位杰出的发明家艾利沙·格雷也为他发明的电话去申请专利。由于贝尔于1876年3月10日所使用的这部电话机的送话器在原理上与另一位电话发明家格雷的发明雷同，因而格雷便向法院提出诉讼。一场争夺电话发明权的诉讼案便由此展开，并一直持续了十多年。

最后，法院根据贝尔的磁石电话与格雷的液体电话有所不同，而且比格雷早几个小时提交了专利申请等这些因素，做出了现在大家都已经知道的结果的判决，电话发明权案至此画上句号。

由于几个小时之差，美国最高法院裁定贝尔为电话的发明者，贝尔因此成了令后世敬仰的"电话之父"。从这个小故事中，我们知道争分夺秒，抢占先机是多么重要。如果贝尔没有抢占这几小时的先机，也许他的人生和命运就是另外一番景象了。

现代社会的年轻人生活在激烈的竞争环境里。在这个竞争激烈的时代，为了在激烈的竞争中存活，工作时务必时时刻刻保有"争分夺秒，抢占先机"的意识。那么，到底该怎样去争分夺秒呢？其中一个秘诀就是"排定每日日程，并且尽量提前做"。因此，今后不论遇到任何事都应即知即行，该做的事就马上行动。

有一胖一瘦两个盲人，靠在街头拉二胡卖艺为生。他们每天辛勤地拉二胡，每年都要因二胡被拉坏而不得不购置一把新二胡。为了节约开支，他们学会了自己购置材料制作二胡。但是，其中重要的材料——音膜的价格却在年年升高。那是因为二胡的音膜是用蟒蛇皮制作的，而蟒蛇是国家一类保护动物，物以稀为贵。

两人都说要用其他什么材料来代替蟒蛇皮。但是胖艺人后来想想，感觉难度颇大，就没有付诸行动。瘦艺人则不然，他寻找了多种替代材料，进行了无数次实验，终于找到了合适的材料，那就是装饮料的塑料瓶子，又经过软化、添加等多项复杂工艺制成。

由于眼睛看不见，在试验过程中，他的双手被烫伤无数次。历经三年时间，他终于制成了"环保型"二胡。这种经过特殊处理的塑料音膜的音色足以与蟒蛇皮音膜相媲美，还使得二胡的制作成本降了一半。

后来，乐器制造厂商要出重金购买他这项技术。瘦艺人则凭技术入股，成为关键股东，从此结束卖艺生涯，生活水准大幅提高。而当年的同伴胖艺人，至今还在街头辛苦地拉着二胡。

既然想到了，就要马上行动，这样才会在激烈的竞争中抢占先机，这才是走向成功的真谛。计划不去执行，永远都只是一纸苍白。

著名画家柯罗是个惜时如金、想到就立即动手的人。有一次，一个青年画家把自己的作品拿给柯罗看，希望柯罗能给他一些建议。柯罗看过画之后，指出几处他不太满意的地方。青年画家听了之后对柯罗说："谢谢您的建议，明天我会全部修改的。"

柯罗听后却有些生气了，激动地问他："为什么要明天？你想明天再修改吗？今天的事就应该今天做，不要等到明天再做！"青年画家听后马上对柯罗说立刻就改。

后来，这位青年也成了一位杰出的画家。事后他常对人说，自己这辈子最感谢的人就是柯罗，正是他的那次生气，改变了自己的一生。

无论给自己制定了什么目标，打算做什么，想好了就立刻开始行动吧。这个世界瞬息万变，机会稍纵即逝。谁也不知道下一秒会发生什么事情，很多东西就在你那一念之间流逝了。养成立刻行动的习惯，才能屡屡抓住良好的时机，丰富自己的生命。

在第二次世界大战中，"三巨头"之一的丘吉尔可以说是个高效的工作狂，平均每天工作17个小时，还使得他的十位秘书都手忙脚乱。

丘吉尔制定了一种体制，给那些行动迟缓的官员们的手杖上都贴了一张"即刻行动起来"的签条，就是为了提高政府机构的工作效率。

如果认为生活中什么事很重要，是必须做的或很想做的，那就立刻行动起来抢占先机，不要等到别人做完了你才空留遗恨。

总之，能够掌控时间的人通常都是胜利的一方。因此"排定每日日程，并且尽量提前做"将是制胜的基础。所以，在迈向成功的第一步时，就一定要做到珍惜时间，争分夺秒，这样才能抢占先机，才有可能收获成功的果实。

利用工作生活中零散的时间

　　小额投资足以致富是个浅显的道理，然而，很少有人注意，对零散时间的把握也能让人成功。在人人喊忙的现代社会里，一个愈忙的人，时间被分割得愈厉害，无形中时间也相对流失得更迅速，诸如等车、候机、对方约会迟到、旅程、塞车……其实，这些零散时间都可以被充分利用。

　　鲁迅说："哪里有什么天才，我只是把别人喝咖啡的时间都用在工作上了。"亨利·福特说："大部分人都是在别人荒废的时间里崭露头角的。"阿尔福德说："片刻的时间比一年的时间更有价值，这是无法变更的事实。时间的长短与重要性和价值并不成正比，偶然的、意想不到的5分钟就可能影响你的一生。"

　　的确，时间对于每一个人来说都是公平的，能不能在同样多的时间里创造出比别人更多的价值，关键看你能不能有效地利用你的时间，特别是那些看起来不起眼的零散时间。

"事情就怕加起来。"这一古老的谚语说的也是这个道理。一切在事业上有成就的人，在他们的传记里，常常可以读到这样一些句子："充分利用每一分钟。"

其实，在人的一生当中，时间往往不是一小时一小时浪费掉的，而是一分钟一分钟悄悄溜走的。古往今来，一切有成就的学问家都善于利用零散时间。东汉学者董遇，幼时双亲去世，但他好学不倦，利用一切可以利用的时间。他曾经说："我是利用'三余'来学习的。""三余"，即"冬者岁之余，夜者日之余，阴雨者晴之余"。也就是说在冬闲、晚上、阴雨天不能外出劳作的时候，他都用来学习，这样日积月累，终有所成。

那么，该如何利用零散时间呢？

其实，利用零散时间有一个诀窍：你要把工作进行得迅速，如果只有五分钟的时间给你写作，你不可把四分钟消磨在咬你的铅笔头上。思想上要事先有所准备，到工作时间来临的时候，便立刻把心神集中在工作上。再比如，你可以利用上班路上的时间。假如你开车上下班，可以利用好你车内的MP3、CD以及卡带，经常播放一些你感兴趣的有声资料。现在很多书籍、教程都做成了有声版本，可以充分利用。

假如你坐地铁上下班，你就可以不光用听觉来学习，还可以腾出手和眼睛。准备一些适合在路上阅读的文档或书籍，找一个合适的站位来阅读，只需注意别坐过站。假如你步行上下班，还是可以利用有声读物来学习，需要注意的是过马路时的过往车辆。

事实上，生活中有很多零散的时间是大可利用的，如果你能化零为整，那你的生活和工作将会更加轻松。况且，零散时间虽短，但倘若一日、一月、一年不断地积累起来，其总和将是相当可观的。所以说，在事业上有所成就的人，几乎都是能有效利用零散时间的人。

富兰克林在有效利用零散时间方面也堪称楷模："我把整段时间称为'整匹布'，把点滴时间称为'零星布'，做衣服有整料固然好，整料不够就尽量把零星的用起来，天天二三十分钟，加起来，就能由短变长，派上大用场。"这是成功者的秘诀，也是我们学习借鉴的好方法。

零散时间是一座宝藏，只要坚持，就会有所收获。亲爱的读者朋友们，现在，你已经知道自己的时间都浪费在哪里了吧？你也应该知道如何成为一名时间富翁了吧？那就是充分利用工作、生活中的零散时间。时间也靠积累，只要你利用好一分钟、五分钟、十分钟……时间长了，你就会发现这些零散时间带给你的好处了。

不要用没时间为自己的懒惰打掩护

懒惰是万恶之源，而懒惰最常用的伪装就是"没时间"。有时你会听到这样的说辞："等我有空再做。"这句话通常表示"等手上没什么重要的事情时再做"。事实上，永远没有所谓"空"的时间。你可能有"休闲"时间，却没有有"空"的时间。在休闲的时候，你也许会躺在游泳池边尽情玩乐，但这绝不是"空"的时间——你的每一分钟都很值钱。

凡在事业上有所成就的人，都有一个成功的诀窍：变"闲暇"为"不闲"，也就是不懒惰，不贪逸趣。爱因斯坦曾组织过享有盛名的"奥林比亚科学院"，每晚例会，与会者总是手捧茶杯，边饮茶，边议论，后来相继问世的各种科学创见有不少产生于饮茶之余。据说，茶杯和茶壶已列为英国剑桥的一项"独特设备"，以鼓励科学家们充分利用余暇时间，在饮茶时沟通学术思想，交流科技成果。

"闲不住"的人们还在闲暇时间里积极开创自己的"第二职业"。在概率论、解析几何等方面有卓越贡献的费尔马，他的第一职业是法国图卢西城的律师，而数学则是他的"第二职业"。哥白尼的正式职业是大主教秘书和医生，而创立太阳系学说却成为他"第二职业"的研究课题。富兰克林的许多电学成就是在当印刷工人时从事"第二职业"的成果……

"闲不住"的人们还在闲暇时间里虚心向社会上的能人贤者求教。托尔斯泰曾在基辅公路上不耻下问，请教有丰富生活经验的农民。达尔文曾在科学考察途中，拜工人、渔民、教师为师。不甘悠闲，不求闲情，已被实干家和科学家视为生活的准则。

在生活中，有各种各样度过闲暇时间的方式。有人利用闲暇时间博览群书，汲取知识的甘泉；有人利用闲暇时间游历名山大川；有人利用闲暇时间广交朋友，撒下友谊的种子；有人利用闲暇时间进行美术创作，摸索篆刻艺术，构思长篇小说，让思维张开想象的翅膀……

当然，也有一些人的闲暇时间是白白流逝的。他们或堕入"三角"甚至"多角"的情网，或沉溺于一圈又一圈的纸牌"漩涡"，或陶醉于"摩登"、"时髦"的家具摆设，或无聊地徘徊于昏暗的街灯之下。正如智者所说，日常生活中，消磨于极平常的或者接近于没有事值的悲剧为数不少。

事实正是这样，无所事事，进而无事生非所造成的悲剧并不鲜见。研究人员曾多次到监狱进行调查，让130名青年犯人回答有关闲暇时间的若干问题。结果有89％的人说，他们犯案作科都是在闲暇时间进行的。有63.9％的人说他们入狱前的业余生活是庸俗无聊、低级趣味的，总想寻求刺激，折腾闹事。有85％的人说，他们所以犯罪，基本上是因为在闲暇时间结交了思想落后、品质恶劣的坏朋友。

不可否认，懒惰的人永远都觉得时间不够用，又觉得时间过得好漫长。因为他的懒惰，所以平时不愿意多思考，多学习，到干起活来的时候不是这里不会就是那里不懂，效率当然要比别人慢了很多。别人干完了，他还在那里苦苦地熬。还有一种情况就是接到任务后爱拖沓，把今天的活儿拖到明天，明天的活儿拖到后天，这样的人就是在浪费时间。可是他自己却不这么认为，他把工作时间用在了聊聊天，听听歌上面。当然，工作中是应该有适当的休息，但是不能过分，凡事都要有个度，要在特定的时间做特定的事情。

一般来说，懒惰的生命表现形式最主要的就是贫穷。"因人懒惰，房顶塌下；因人手懒，房屋滴漏。"

有个弟兄年轻力壮，但却穷得叮当响，可以说家徒四壁。不用问为什么，就是因为懒。

平时，他懒得煮早餐，有时连午餐也一样懒得煮。家中许多坏了的东西，本来动手修修就可以再用，但他就是懒得修，为了图方便就去买新的。他嘴上常常挂着一句话："太麻烦了。"因为怕麻烦，常常给自己带来不小的损失。

比如，有一次他家里养了几十只农家鸡，要他到市场零售，但他又说"费事"，于是不管三七二十一批发给人便算了。结果，一只鸡少赚了三四十元，共计损失上千元。本来弟兄姊妹都想帮助他，但后来知道他的贫穷是由懒惰造成的，而又不思悔改，于是人们就都不愿意帮助他了。

在生活水平已经提高了的今天，这个人仍然过着吃了上顿没下顿的日子，真的是很可悲。

如果你有懒惰的问题，下面几个建议可以助你成功：

●使用日程安排簿。

如果你对何时应做何事心中无数，这个工具有助于你把所有资料很有条理地记录在一个地方。"富兰克林计划簿"、"每日安排簿"和"日程簿"都是极好的工具。

●在家居之外的地方工作。

如果你不容易调动自己的积极性，或许说明你需要换个环境了。许多人在家里养成了一套习惯，怎么也摆脱不了。另外一些人，家里使他分心的东西多——电话铃、门铃、家人邻居干扰、电视机、录音机、家务活等等。所以，离开家你或许能专心工作。这也许是你为了能开展工作要做的唯一的自我约束。

●及早开始。

有时你会突然意识到因为开始太迟而无法完成当天想做的事。这是最令人失望的。许多人在意识到时间不够而无法做他计划中的事时，干脆把整天一笔勾销，什么都不干。遇到这种情况，最好的解决办法就是养成及早开始的习用。

"天下没有免费的午餐。"春天播种，秋天才有收获。在生活中，付出的越多，得到的越多。任何一项成就的取得，都是与勤奋分不开的。勤奋是通往成功的必由之路，是打开幸运之门的钥匙。在人生中，一定要有适合自己的明确目标，而且为了实现目标要不懈努力。只有这样，才能克服懒惰，取得成功。

做好今天的事，期待明天的进步

　　人的一生可浓缩为"三天"，即昨天、今天、明天。在这"三天"中，"今天"最重要。所以，过去的事情就让它过去吧，明天的事情等来了再说。最要紧的是，做好今天的事情。

　　有人说，要想过好今天，要学会做三件事。第一件事是：学会关门。把通往昨天的后门和通往明天的前门都紧紧关上，这样，人一下子就变得轻松了，你的生活也就会平添许多快乐与满足。第二件事是：学会计算。也就是要学会计算幸福。有的人本子上记的全是困难和问题，从没有记录过幸福；有些人对自己做的正确的事情，一件也没记住，却对自己做错了的事情记得特别牢。这显然只会给自己徒增烦恼。第三件事是：学会放弃。请牢记："先舍后得；只有舍了，才会有得。"

　　不要浪费我们的时间和精力，去为"明天也许会"发生的事情制订什么应急计划，除非它会影响我们目前的行动。我们应该把精力集中在今天该做的工作上，全神贯注地做好它。至于明天可能发生的事情——当它发生的时候再去面对好了。

不要总是考虑如何克服"明天也许会"阻碍自己业务发展的困难，除非我们清楚地认识到必须改变现在的行动方案以避开这些障碍。常言道：车到山前必有路。无论远处可能出现多大的障碍，我们都将发现，如果始终以"特定的方式"思考和行动，当我们靠近障碍时，它就会自动消失。即使没有消失，我们也一定会找到一条能够跨越或者绕过它的道路，继续我们的成功之路。

不要为"也许会"出现的灾难、障碍、恐慌、不利的环境而担忧。如果日后它们真的出现，相信我们一定会有足够的时间去应对。事实真相恰恰如此，你会发现，与每一个困难结伴而来的，还有克服它的方法。

活在当下，在心理学上叫"此时此地"。"明日复明日，明日何其多？我生待明日，万事成蹉跎。"明日永远都不会来，因为来的时候已经是今天。只有今天才是我们生命中最重要的一天；只有今天才是我们生命中唯一可以把握的一天；只有今天才是我们唯一可以用来超越对手，超越自己的一天。

有个故事说的就是这样的道理：

有个小和尚每天早上负责清扫寺庙院子里的落叶。清晨起床扫落叶实在是一件苦的事情。在秋冬之季，每一次起风时，树叶总是随风飘落下来。每天都要花很多时间才能扫完树叶，这让小和尚很苦恼，他一直想找个好办法来让自己轻松一些。有个和尚跟他说，你在明天打扫之前先用力摇树，把落叶统统摇下，后天就可以不扫落叶了。小和尚认为这个办法好，于是第二天很早起床，使劲儿地猛摇树。他想，这样就可以把今天跟明天的落叶一次扫干净了。一整天，小和尚开心极了。

到第二天，小和尚到院子一看，不禁傻眼了，院子里如往日一样落叶满地。一位老和尚走过来对小和尚说：傻孩子，无论你今天怎么用力，明天的落叶还是会飘落下来。

小和尚终于明白了一个道理，世上很多事是无法提前的，唯有认真地活在当下，做好眼前的事情，才是最真实的人生态度。

许多人喜欢预支明天的烦恼，想要早一步将其解决。其实，明天如果真的有烦恼，你今天是无法解决的。每个人每天都有各自的任务和使命，唯有认真地活在当下，努力做好事情，完成今天的任务和使命，才是最真实的人生态度。

同样，生命的意义也只能从当下去寻找。过去的事，均已过去而不存在。不论是多美好且令人怀念，或是多么丑陋令人追悔，都没有必要沉湎于过去的情绪当中。对过去的怀念或追悔，只能徒增自己的烦恼，进而干扰对于当下该做的事情。当然，检讨与反省过去，以为后事之师是可以的，但却没有必要因此而影响当下的情绪。

人生的事，没有十全十美的。愿我们都能真实地活在现实、活在当下，珍惜我们活着的每一天。

最后，送一段马斯洛的话与各位朋友共勉：心若改变，你的态度跟着改变；态度改变，你的习惯跟着改变；习惯改变，你的性格跟着改变；性格改变，你的人生跟着改变。在顺境中感恩，在逆境中依旧心存喜乐，认真活在当下，真实地活在今天才是最可宝贵的。

前进的路上，不要放慢脚步

　　美国学者罗伯特·列文曾经做过一次关于《不同国家和地区的生活节奏的比较》的调查。其中，人们步行速度最快的前10个国家依次是：爱尔兰、荷兰、瑞士、英国、德国、美国、日本、法国、肯尼亚、意大利。步行速度的测试指标是：行人在闹市区单位时间内步行60英尺的速度。

　　从某种程度上说，人们的步行速度与国家的经济状况成正比，步行速度越快，经济越发达。

　　在罗伯特·列文主持的这项调查里，步行速度最快的前10个国家除肯尼亚以外，其余9个均为西方发达国家。

　　假如在中国大陆做一次步行速度测试，那么，城市的步行速度一定快于农村的步行速度，沿海地区的步行速度一定快于西部地区的步行速度，甚至，在相隔不远的广州和深圳，人们也会明显感觉到深圳人走路的速度比广州人快半拍。

在拥挤的街道上，谁也无法容忍走路太慢的人堵在你前面，伦敦人把这种烦恼称之为"人行道之怒"。牛津街是伦敦的商业黄金地段，大约有6万人在这一带工作。一项调查表明，在牛津街W1这个邮政编码区域，有50%~60%的人每天都会遭受不同程度的"人行道之怒"。为此，牛津街一些商家于2000年12月4日发起"人行道之怒觉醒周"活动，向市议会送呈提案，希望把街道两旁的人行道分为两条——"观光步行街"和"快速步行街"并增派巡警，安装步行速度监测摄像机。规定在"快速步行街"上的步行速度不得低于3英里/小时。对步行速度低于3英里/小时的行人，应处以10英镑的罚款。

对于现代人来说，步行速度也是工作效率的体现。日本著名人力资源顾问福田永成曾在一本书里讲过这样一个故事：

某公司欲从两位市场营销人员中推选一位做主管，这两位候选人的实力旗鼓相当，难分上下。举棋不定之中，老板突发奇想，分别打电话叫他们到办公室来。结果，一位用了80秒，另一位则用了110秒。于是，老板决定让用了80秒的人做主管——在追求成功的道路上，输家有时只比赢家慢30秒。

在海尔集团的一次干部会上，张瑞敏提出了这样一个问题：

"石头能浮在水面上的因素是什么？"答案五花八门，但都被否定了。最终，有人站起来回答："速度。"张瑞敏脸上露出了满意的笑容："正确。《孙子兵法》上说'激水之疾，至于漂石者，势也。'速度决定了石头能否漂起来。"

石头总是要往下落的，但速度改变了一切。用石头能打水漂，就告诉我们，石头在水面跳跃，是因为我们给了石头一个方向，此外，它还具有足够在水面漂起来的速度。

在我们的人生道路上，没有人为你等待，没有机会为你停留。只有与时间赛跑，才有可能会赢。早起的鸟儿有虫吃，笨鸟先飞，都是强调要赶在别人前头，不要停下来，这是竞争者的状态，也是胜利者的状态。我们要想在人生道路上获取成功，就必须比别人"走快"一些。

英国有句谚语说："早起的鸟儿有虫吃。"形象生动地说明了"捷足先登"的作用。

加拿大将枫叶旗定为国旗的决议通过的第三天，日本厂商赶制的枫叶小国旗及带有枫叶标志的玩具就出现在加拿大市场，销售火爆，而作为"近水楼台"的加拿大厂商则坐失良机。

有人曾形容说，美国人第一天宣布某项新发明，第二天投入生产，第三天日本人就把该项发明的产品投入了市场。

做生意讲求抢头啖汤，抢在别人的前边下手，才能占得先机。这个道理人人都明白，但做起来时，却有不少人前怕狼，后怕虎，患得患失，犹豫不决，从而错失良机。

　　总之，人生就如一场没有里程的马拉松比赛，如果前半程的领先者不思进取放慢脚步，甚至原地踏步，那么，在不知不觉中，已是后来居上。

第六章

积极行动，
才能不枉此生

一步一个脚印，逐步实现目标

很多人都梦想成功，但他们也知道，成功不是一蹴而就的，需要循序渐进。所谓优良的目标，就是自行确定的每个月的配额或清单。所以，请将你的目标分成两步，一步是设立你的大目标，另一步就是将你的大目标划分为小目标，并逐步实现。

要知道，每个重大的成就都是一系列的小成就累积成的，例如，房屋是由一砖一瓦堆砌成的；足球比赛的最后胜利是由一次一次的进球得分累积而成的；商店的繁荣也是由一个一个顾客创造的。所以，你需要划分并完成你的小目标，然后一步步实现你的人生大目标。

莱德先生是个著名的作家兼战地记者，他曾在1957年四月的"读者文摘"上撰文表示，他所收到的最好的忠告是"继续走完下一英里路"，下面是其文章中的一段：

"第二次世界大战期间，我跟几个人不得不从一架破损的运输机上跳伞逃生，结果迫降在缅印交界处的树林里。当时唯一能做的就是拖着沉重的步伐往印度走，全程长达140英里，必须在八月的酷热和季风所带来的暴雨侵袭下，翻山越岭，长途跋涉。

"才走了一个小时，我的一只靴子的鞋钉扎了另一只脚，傍晚时，双脚都起泡出血，像硬币那般大小。我能一瘸一拐地走完140英里吗？别人的情况也差不多，甚至更糟糕。他们能不能走呢？我们都以为完蛋了，但是又不能不走。为了在晚上找个地方休息，我们别无选择，只好硬着头皮走完下一英里路。

"当我推掉其他工作，开始写一本25万字的书时，心一直坚定不下来，我差点儿放弃一直引以为荣的教授尊严，也就是说几乎不想干了，最后我强迫自己只去想下一个段落该怎么写，而非下一页，当然更不是下一章。整整六个月的时间，除了一段一段不停地写以外，什么事情也没做，结果居然写成了。

"多年以前，我接了一件每天写一个广播剧本的差事，到目前为止一共写了2000个。如果当时签一张"写作2000个剧本"的合同，我一定会被这个庞大的数目吓倒，甚至把它推掉，好在只是写一个剧本，接着又写一个，就这样日积月累，真的写出这么多了。"

相信"继续走完下一英里路"的原则不仅对莱德很有用，对你也会很有用。因为，按部就班做下去是实现目标唯一的聪明做法。拿戒烟来说，最好的戒烟方法是"一小时又一小时"坚持下去。用这种方法戒烟，成功的概率要比别的方法高。当然，这个方法并不是要求他们下决心永远不抽，只是要他们决心不在下一个小时抽烟而已。当这个小时结束时，只需把他的决心改在下一个小时就行了，当抽烟的欲望渐渐减弱时，时间就延长到两小时，又延长到一天，最终完全戒除。相比之下，那些一下子就想戒掉香烟的人一定会失败，因为心理上的感觉会受不了。对他们来说，一小时的忍耐很容易，可是要永远不抽那就难了。

要想实现目标，就必须按部就班做下去才行。推销员每促成一笔交易，就为迈向更高的管理职位积累了条件。教授的每一次演讲，科学家的每一次实验，都是向前跨一步、更上一层楼的好机会。

有一位热心的厨具推销员，他的年营业额从3.4万美元一下升到10.4万美元。为什么会有这么大的变化呢？只因为他学会了一件事，从而使生意顿时成倍增长。那就是他学会了设定一个伟大的目标并将这个目标分步实现。

他的长期目标就是：打破纪录，并成为世界上最好的厨具销售员。他有每天的目标：每一个工作日都要卖出350美元的产品。

这样便得到一个结果：一年内，生意增加了两倍。后来，他摇身一变成为美国著名的演说家与销售训练员之一。

有时某些人看似一夜成名，但如果你仔细看看他们过去的历史，就会知道他们的成功并不是偶然得来的，他们早已投入了无数心血，打好坚固的基础了。

那些暴起暴落的人物，声名来得快，去得也快，他们的成功往往只是昙花一现。他们并没有深厚的根基与雄厚的实力。就像富丽堂皇的建筑物都是由一块块独立的石块砌成的一样。石块本身并不美观，成功的生活也是如此。

要记住，成功会再生产出成功，要想走出成功的第一步，你需要划分你的目标，一步步地实现它。

力不从心时，不妨冥想一下你的愿景

埃德蒙斯认为："伟大的目标构成伟大的心。"一个人之所以伟大，是因为他树立了一个伟大的目标，拥有美好的愿景。美好的愿景可以产生伟大的动力，伟大的动力推进伟大的行动，伟大的行动必然会成就伟大的事业。所以，当你感到力不从心时，不妨冥想一下你的愿景。

看过《风雨哈佛路》的人都会感慨，这真的是很棒的片子，它展示给人们的正是理想的力量。

莉斯的父母都是吸毒者，父亲还是流浪汉。活在社会最底层的她，在母亲死后，她只有两条路可走，要么去做妓女或者小偷，要么去拼命，虽然这不一定有结果。然而，莉斯去了学校读书。每天，她在地铁上过夜，要自己去工作养活自己，最重要的是，她还要拼命读书。

莉斯活得无比狼狈，住在地铁上，捡食别人丢弃的食物，但是她没有因此放弃自己的理想，她决定推自己一把，她想和人们站在一起，不想在他们之下。她想去哈佛，受最高的教育，读最好的书，用她所有的潜能去做这件事。必须这么做，她没有选择。每当莉斯感觉自己快要撑不下去的时候，她就冥想一下将来在哈佛的读书生活，于是她就觉得自己拥有了坚持下去的力量。

"我为什么要觉得自己可怜，这就是我的生活。我甚至要感谢它，它让我在任何情况下都必须往前走。我没有退路，我只能不停地努力向前走。我为什么不能做到？"她说："我不会累垮，我会挺过来的，因为我有梦想。"

我们从来没有像莉斯一样无路可退过，我们总有多种选择。莉斯做过乞丐，在垃圾箱里捡食过食物，偷过东西，夜晚只能睡在大街或地铁上。但她并不在乎这些，因为她的哈佛梦想总是能够给她力量，让她从不妥协。所以，我们也应该树立属于自己的梦想，然后拼命实现自己的理想。当生活让你感到力不从心的时候，美好的愿景和理想会给你勇气和力量。

没人能和生活讨价还价，因为我们还活着，所以，我们应尽最大的努力。然而，生活中却有很多人缺乏抱负，缺少理想。因此，在遇到挫折时，不能确立正确的心态，这在很大程度上会影响其目标的实现。

美国最大的工业机构的一位人事专家，每年都要到各大学里挑选一些将要毕业的学生参加公司初级经理人员的预备训练。她指出，她对许多大学生的心态感到很失望。

"通常我都要和八至十二位毕业生面谈，他们都是班上的前三名，而且都表示很乐意到我们公司工作。我们考虑的决定因素之一是个人的动机。我们要看他是否有潜力，能否在几年内独当一面，实现重要的计划，管理一个分公司或分厂，或者在其他方面对公司有实质性的贡献。我不得不说，我对我所面谈的大部分学生的个人目标并不十分满意。

"你会很惊讶，有那么多年仅二十岁的年轻人对退休计划比任何事都更感兴趣。

"对他们而言，'成功'只是'保障'的同义词。他们关心的第二个问题是：'我会被经常调动吗？'你想，我们能把公司交给这样的人吗？更使我无法理解的是，现在的年轻人对于未来的态度，竟然还是那样极端的保守、狭隘。"

这么多人缺乏抱负的趋势意味着：在高报酬的职业中遭遇到的竞争，将比你想象的要多得多。

潜能的发挥不是以一个人的身高、体重、学历或家庭背景来衡量的，而是由个人理想来决定的。一个正常的人，应该肩负你的人生使命，高悬某种理想或希望，全力以赴，使自己的生活能配合一个目标，从而获得成功。有许多人庸庸碌碌，默默以终，这是因为，他们认为人生自有天定，从没想到可以亲手创造人生。事实是，人存在于世上，那是天定；好好地驾驭自己的生活，使它朝着自己的计划目标奋进，这样才是真正的人生。

胸怀理想的人，不会被暂时的挫折所吓倒，因为在他们力不从心的时候，梦想能给他们力量。这种坚定刻苦的人能获得成功的主要原因是有崇高理想在激励他们前进，激励他们发挥潜能。伟大的人生以憧憬开始，那就是自己要做什么或要成为什么。在他们遇到困苦、挫折时，理想和愿景能够激发他们继续前进。

安东尼·罗宾认为，远大的理想造就伟大的人物。所以，不妨为自己设计出一个美好的愿景吧。在你遭遇困难和挫折时，你心中美好的愿景能够陪你度过艰难的时光。

增强行为目的性，不打无准备之仗

经常看到有些人整天忙忙碌碌，到最后也没有做成什么事情。问题的关键就在于行动没有目的性，没有在行动之前作好计划，最终事倍功半。

行为要有目的性，凡事制订计划的人就容易获得成功。

有个名叫约翰·戈达德的美国人，当他15岁的时候，就把自己一生要做的事情列了一份清单，叫"生命清单"。在这份排列有序的清单中，他给自己制定了所要攻克的127个具体目标。比如，探索尼罗河、攀登喜马拉雅山、读完莎士比亚的著作、写一本书等。在44年后，他以超人的毅力和非凡的勇气，在与命运的艰苦抗争中，终于按计划一步一步地实现了106个目标，成为一名卓有成就的电影制片人、作家和演说家。

　　因此说，尽量按照自己的目标，有计划地做事，这样可以提高工作效率，快速实现目标，获得成功。

　　一些人总是不停地抱怨自己的运气不佳，认为自己的不成功是因为社会环境的不公平。可是很少有人去想，一个成功的人除了会付出更多的努力外，还有着一套合理的规划和有效的工作方法，他们的工作效率通常是别人的两倍、三倍。用合理的规划将每日的工作效率提高，成功的希望就会增加。

　　乔·吉拉德被誉为美国的"销售之王"。在刚刚接触推销行业的时候，乔·吉拉德就发现自己的组织能力很差。他一个月就打出了2000多个电话，平均每周40个。数量一多，工作就杂乱起来。于是，他希望找到一个办法，使他的工作井然有序，但一直没有成功。后来他认识到，要提高工作效率，就要像中国那句俗语所说的那样，磨刀不误砍柴工，必须花足够多的工夫去磨刀。

　　吉拉德很快认识到自己的磨刀工作就是作计划。因此，他把所打的电话记在卡片上，这样的话，每周有四五十张卡片。接下来，根据卡片的内容安排下次的话题、要拜访的客户，再排出日程表，列出周一到周五的工作顺序，这其中包括每天要做的事。当然，这样做的话，又琐碎又枯燥，往往需要半天的时间。因此，刚开始时，他总是做到一半就想放弃。但是坚持一段时间后，他就尝到了甜头，时间长了，成效便很显著。

自此以后，吉拉德不再急着打电话，而是抽出一上午的时间作好工作计划，接下来就是精神饱满、激情飞扬、信心十足地会见客户。因为准备充分，状态良好，他对会谈也充满信心，并相信下周会做得更好。

事实证明，拿出足够的时间来做细致的计划，效果惊人。

所以，要想获得成功，每次行动之前，最好是在前一天晚上做好两个工作：一是制订下一步的工作计划；二是做好总结。其实这两个工作都浪费不了多少时间，每天只需半小时，就可以让行动轻松自如。

点滴小事是成功的重要积淀

古人云："不积小流，无以成江海，不积跬步，无以至千里。"说的就是要想成就大事，必须从小事做起的道理。其实，所有的点滴小事都是成功的重要积淀。

如果你认为只有宏图大业才算是真正的大事，而那些鸡毛蒜皮的事情根本不值得关注，那么，你可能会被小事弄得焦头烂额。要想在残酷的社会竞争中立于不败之地，就必须警惕那些容易招致失败的小事。

有这样一个小故事：

有一对以拾破烂为生的兄弟，天天盼着能够发大财。最终，上帝决定给他们一次发财的机会。

一天，兄弟俩照常出去拾破烂，但是那天，整条街好像被大扫除过一样，连平日里最小的破烂都没有，只剩下上帝撒下的一寸长的小铁钉。

老大看到铁钉就一个一个捡了起来。老二却对老大的行为不屑一顾，说："一两个铁钉值几个钱？"最后老大捡了一袋子的铁钉。老二看到老大的成绩有点儿后悔了，也打算回头去捡，但是一颗也没有找到，因为都被老大捡走了。老二想：反正老大那袋铁钉也值不了几个钱，不可惜。于是，兄弟俩继续向前走。

没多久，兄弟俩几乎同时发现了一家收购店，门口挂着一个牌子，上面写着"本店急收一寸长的铁钉，一元一枚"。老二后悔不迭，捶胸顿足，老大则换回了一大笔钱。

同样的经历，却有不同的结果，就是因为对待小事的态度不同。有的人肯从小事做起，有的人却对小事不屑一顾。其实，任何伟大的事业都需要聚沙成塔，离不开细节的积累。注重小事并形成习惯，一定会给你带来巨大的收益。如果你能执著地把手头的小事做到完美的境界，你就会成为一个了不起的人。

海尔集团能在日益激烈的市场竞争中占领国内外市场，使企业开拓创新、逐渐做大做强，关键就在于海尔集团在生产—销售—售后服务的过程中，抓好每一个细小环节的工作。其首席执行官张瑞敏深有感触地说："创新存在于企业的每一个细节之中。"

要想取得事业的成功，必须抓好细节。做好小事促成大事成功的事例，古往今来不胜枚举。

在戏剧《十五贯》中，朝廷命官况钟为了破案，到案发现场细心察看，从中发现了与案件有关的蛛丝马迹，然后精心分析判断，顺藤摸瓜步步逼近，终于抓住了真正的杀人凶手，成为千古绝唱的破案典范。

在日本有"三碗茶"成就一代名将之说。说的是幕府将军丰臣秀吉口渴到观音寺求茶。石田三成热情地接待了他。石田奉上第一杯解渴的大碗温茶，又奉上第二杯中碗的热茶，再奉上第三杯供品茗的小碗热茶。他体贴入微迎合其需要的"三碗茶"的细节，深深打动了丰臣，于是被选入幕下，后来石田也成为一代名将。

我们可以从以上的案例中借鉴宝贵的经验，抓好细节小事，把握成功的关键。二十几岁的年轻人，千万不要为自己从事的小事而烦恼，应该让自己适应一切。要知道，所有的成功者，他们与我们都做着同样简单的小事，唯一的区别就是，他们从不认为他们所做的事是简单的事。正如托尔斯泰所说："一个人的价值不是以数量而是以他的深度来衡量的，成功者的共同特点就是能做小事情，能够抓住生活中的一些细节。"一句话，做好小事，才能成就大事。

师傅带着他的徒弟远行，途中发现了一块马蹄铁，师傅让徒弟捡起来，徒弟懒得弯腰，假装没听见。师傅没说什么，自己弯腰捡起了马蹄铁。路过一城镇时，师傅用它从铁匠那里换了三文钱，买了18颗樱桃藏在了袖中。

二人继续前行，经过的是茫茫荒野。师傅断定徒弟已经非常渴了，就悄悄地掉出一颗樱桃，徒弟一见，赶紧捡起来吃掉。师傅边走边丢樱桃，每次只丢一颗，徒弟狼狈地弯了18次腰。于是，师傅笑着对他说："要是你之前弯一次腰，这回就不会弯18次腰了。小事不做，将来就会在更小的事情上操劳。

的确，许多成功的人并不都是因为运气或者自身条件好而成就了事业，而是他们能够注意去做容易被常人忽略的一些小事。

事实上，任何一件小事都有着它无法替代的作用，一个铁钉微乎其微，但它出了差错就可能使一匹马的马蹄铁掌松动，铁掌松动就可能使一匹战马摔倒，一匹战马摔倒就可能使一个士兵丧命，一个士兵丧命就可能使一个军队失败，一个军队失败就可能使一个国家灭亡。

所以，我们不应该忽视这些"铁钉"的存在，很多时候，正是对这些铁钉的处理不周从而阻碍了我们通往成功的道路。要想获得成功，就要用心对待点滴小事。

用热情为成功助燃

　　热情是成功的燃料，如果你对一切都是一副冷面孔，那一切对你而言都会失去吸引力。没有热情，做事便难以投入，更不会持久；没有热情，就不会走向成功。

　　纵观古今中外的成功人士，他们的一个共同特点就是拥有一颗热情激昂的心。一个人如果对人生、对工作、对朋友、对事业没有热情，那他将很难有大的作为。

　　为什么说年轻人是社会的未来？就是因为他们拥有热情。对社会的未来有热情，对社会的变革、对工作的创新、对生活的憧憬都充满着热情。热情像一股神奇的力量，吸引着他们。

　　任何人都会有热情，其不同在于，有的人只有30分钟的热情，有的人的热情可以保持30天，而一个成功者却能够让热情持续30年之久。热情是一种巨大的力量，从心灵内部发出，将我们从沉睡中唤醒，激励我们奔向光明的前程，发挥出无穷的才干。

要想成就一番事业，离不开热情这个原动力。它能使人具有钢铁般的意志和顽强的毅力，这两点正是成功者必备的个性心理品质，对于保持成功心理和继续进行创新活动发挥着重要的作用。

对于热情与成功的关系，爱迪生的看法是：热情是能量，没有热情，任何伟大的事业都不可能成功。对于每个人来说，无论什么年龄，无论身处何种境地，只要有热情，有眼光，有勇气，起步永远都不晚。成功就在脚下，宽广的路是为那些自强不息、审时度势的人准备的。

热情可以大大增强你的事业心与责任感。仔细观察那些成功企业的领导人，他们个个像上紧发条的钟表，永远不停地前行。他们总是精力充沛、意气风发，身上有使不完的劲儿。因为，热情与事业心、责任感可以互相转换，共同提升。

"一个人如果缺乏热情，那是不可能有所建树的。"作家爱默生说："热情像糨糊一样，可让你在艰难困苦的场合里紧紧地粘在那里，坚持到底，它是在别人说你不行时，发自你内心的有力声音——我行！"

作为当今IT界屈指可数的女性掌门人，惠普前首席执行官卡莉·菲奥莉娜的成功之路，或许会对你有所启发。

1984年，经过重组，BELL公司开始独立运营，一切都杂乱无章，其中又以负责把长途电话连接至地方电话公司的"通讯连接管理部门"最为糟糕。卡莉·菲奥莉娜决定前往该部门工作。

同事都认为卡莉·菲奥莉娜疯了。没人搞得懂那里究竟要做什么，一切都乱七八糟。但卡莉·菲奥莉娜仍然热情地面对这份工作，虚心学习，最终，卡莉·菲奥莉娜成功地解决了该部门所面临的一些问题。

卡莉·菲奥莉娜从这一工作经历和后来的一些经历中，归纳出了个人与事业成功的七大法则，其中一条就是爱你所做的事，成功是要用一点儿热情的。

热情是一种意识状态，它与成功的关系宛如蒸汽和火车头。热情可以使成功的列车燃料十足，永不停歇。热情的人总是面对朝阳，远离黑暗，不怕困难，即使遭遇危险之际，他们也总能转危为安。热情像一只吉祥的鸟儿，传递给人们幸运的福音。

热情是一种人际关系，当一个团队处于艰苦的工作环境中，如果都能像兄弟姐妹一样，那么工作热情也会是高昂的。

热情源自于对工作、对生活的热爱，对朋友、对家人、对社会、对同事的热爱。有道是："爱是一切动力的源泉。"爱可以改变一切，爱是热情之母。

虽然不能说有热情就一定能成功，但却可以说，没有热情肯定难以成功。因此，你的成功之路应该用热情去照亮。

突破自我极限，遇见未知的自己

　　人的能力是无限的，无论是智慧还是想象力，都具有很大的潜力，充分挖掘它，发挥丰富创造力，会做出使自己都感到吃惊的成绩来。

　　有这么一则科学家研究跳蚤的故事。

　　有一个玻璃盒，盒是盖住的，里面放了很多跳蚤。跳蚤开始时天天跳，想跳出来，可是无论它们怎么努力，就是跳不出来，突破不了玻璃盖。后来它们累了，也就不去跳了。科学家把盖子拿掉，可跳蚤们还是不跳。

　　后来，科学家在玻璃盒下面不断加热，经过高温后，有一批跳蚤就不停地往外跳，最后终于跳了出来。

作家伊凡·耶夫里莫夫曾说："一旦科学的发展能够更深入地了解脑的构造和功能，人类将会为储存在脑内的巨大能力所震惊。人类平常只发挥了大脑中极小部分的功能，如果人类能够发挥大脑功能的一半，将轻易地学会40种语言，背诵整本百科全书，拿12个博士学位。"

所以，只要你敢于突破极限，什么奇迹都可能发生在你身上。相信自己的潜能，就可以战胜自己人性中的弱点，突破自己的极限，就能遇见未知的自己，获得成功。

韩国某大企业设有"落泪室"。每当需要在规定的时间内开发出有竞争力的产品时，他们都会成立一个团队，吃住都在"落泪室"里，达不到目标谁也不回家。

无独有偶，日本有一所特殊的学校，在日本被称为"地狱"——"经济斗士训练所"，该校的宗旨是把日本的企业领导者造就成最强大最优秀的人才，学校的座右铭是"100升汗水和眼泪"。

有人指责该校的训练方法摧残企业干部的精神，学校创始人反驳说："今天对学生来说，需要的不是知识，而是别的东西，我们唯一教会学生的，是让他们懂得如何摆脱困境，把每个学生推到极限，然后战胜极限。"

其实，每个人都有无限的潜能，但是，很多人往往并未意识到自己拥有的潜能。

很久以来，人们一直坚信，人类不可能在4分钟的时间内跑完1600米里。这一信念是如此坚固和流行，以至于它最终演变成了众所周知的"四分钟障碍"。引用体育评论员们的话来说，就是无法想象有哪一个运动员可以在四分钟内跑完1600米。各个时代最伟大的运动员都认为，四分钟跑完1600米必然是超出了人类极限的。甚至连生物学家也确定，这已经超过了人类身体和心理的生物极限。

尽管人们普遍认为人类不可能在四分钟内跑完1600米，尽管四分钟障碍长期以来无人挑战，但是，罗杰·班尼斯特最终突破了这一"障碍"。1954年5月6日，班尼斯特成为突破四分钟障碍的"第一人"。

当罗杰·班尼斯特最终突破了这一"障碍"后，全世界所有运动专家、生理学家还是断言：1600米4分钟是人类极限，不可能有人突破。但是，46天后，一个名不见经传的教练，用并不复杂的方法帮一位业余运动员突破了这个障碍。

他把1600米分成8等份，根据选手的体能，计算出通过每等份应该用的时间。然后在每个等份处都有一个教练数秒，报告给运动员："太快了，悠着点儿！""慢了，该加油冲刺了！"有意思的是，这个最早突破"极限"的人竟然是个医学院的学生。此后，所有职业运动员都能突破这个所谓的"生理极限了。"

这个例子再次说明，极限是可以突破的，只是我们要有突破极限的勇气，直面苦难的锐气。只有勇于突破自己的极限，才能获得非凡的成就。

第七章

别为贪图安逸
寻找借口

苦其心志者终成大事

年轻人往往觉得自己不应该吃苦，觉得自己有知识、有能力，那就应该一帆风顺地走下去，而不应该在苦难中浪费时间。实际上，这种想法并不正确。

艰苦的环境，会促使人成才。环境优越，生活舒适，往往会诱发惰性，阻碍人们成长。而恶劣的环境却能激人奋发，使人立志改变处境，从而促进一个人的成长。

英国的伟大诗人弥尔顿，最杰出的诗作是在双目失明后完成的；德国的伟大音乐家贝多芬，最杰出的乐章是在他的听力丧失以后创作的；世界级小提琴家帕格尼尼是个用苦难的琴弦把天才演奏到极致的奇人。被称为"世界文化史上三大怪杰"的三个奇人，居然一个是瞎子，一个是聋子，一个是哑巴。他们之所以取得了卓越的成就，正是因为他们都有一颗顽强的心，能处于逆境而不屈服。

英国劳埃德保险公司曾从拍卖市场买下一艘船。这艘船1894年下水，在大西洋上曾138次遭遇冰山，116次触礁，13次起火，207次被风暴扭断桅杆，然而它从没有沉没过。

劳埃德保险公司基于它不可思议的经历以及在保费方面带来的可观收益，最后决定把它从荷兰买回来捐给国家。

现在这艘船就停泊在英国萨伦港的国家船舶博物馆里。不过，使这艘船名扬天下的却是一名来此观光的律师。

当时，这位律师刚打输了一场官司，委托人也于不久前自杀了。尽管这不是他第一次辩护失败，也不是他遇到的第一例自杀事件，然而，每当遇到这样的事情，他总是有一种负罪感，他不知道该怎样安慰这些在生意场上遭受了不幸的人。当他在萨伦船舶博物馆看到这艘船时，忽然有了一种想法，为什么不让他们来参观这艘船呢？

于是，他把这艘船的历史抄下来，和这艘船的照片一起挂在他的律师事务所里，每当商界的委托人请他辩护时，无论输赢，他都建议他们去看看这艘船。它使人们知道：在大海上航行的船，没有不带伤的。

勇敢地经历逆境，这是成功的一个秘密。科学家贝佛里奇说过："人们最出色的工作往往是在逆境下做出的。思想上的压力，甚至肉体上的痛苦，都可能成为精神上的兴奋剂。"其实，挫折并不可怕，可怕的是不能够正视现实。不要感叹命运的多舛和不公，命运向来都是公正的，在这方面失去了，就会在那方面得到补偿。当你感到遗憾失去时，可能会有另一种意想不到的收获。

爱莲在44岁那年下岗了，丈夫一年前也下了岗，儿子正在大学念书。她本来是家里的顶梁柱，而下岗使她这个家里的顶梁柱遭到了沉重的一击。但是她不能倒下，所有的眼泪和痛苦都必须咽下，她还要继续支撑这个家。于是，她在街上摆了个摊儿，卖早餐。

没下岗的时候，她每天都是七点半起床，不慌不忙的。现在，她必须每天五点前起床，收拾收拾就去摆摊。她的胆子仿佛一下子变大了，以前在单位，大会上领导让她发言，她面红耳赤，心跳加速，说话结结巴巴，而摆摊以后，她的嗓门一下子亮起来，对着街上来来往往的人高喊："油条，新出锅的油条！""八宝粥，又卫生又有营养的八宝粥！"有时候，她还会编出些新词，引得来往的行人不时地将目光投向她，生意自然也不错。邻近摊位的摊主都说她是做生意的料，根本不像个新手。

第一个月，她粗粗结算了一下，赚了2300多元钱，整整比下岗前的工资多了1000多元，她显得兴奋异常。虽然比以前累了些，但她却很高兴，心里豁亮了起来。由于生意很好，她一个人确实忙不过来，就说服骑三轮拉客的丈夫跟她一块儿出摊卖早餐。丈夫爽快地答应了。夫妻俩同心协力，开始了新的人生旅程。

他们从卖油条和粥开始，到租个门面房卖饺子卖小吃，再到开面食加工厂，8年时间，她从一位下岗女工变成了有着800多万资产的民营企业的厂长。这期间，她遭遇了不少困难，吃了不少苦，但是最终她成功了，被当地政府评为"再就业明星"、"市三八红旗手"。

磨难有如一种锻炼，一方面消耗了大量体能，一方面却又强身健骨。对待磨难有两种态度，一种是主动迎接，一种是被动承受。

主动迎接磨难的人，在忍受磨难的痛苦时，内心多是坦然的，而被动承受磨难的人，在为磨难所煎熬时，内心多充满惶恐。一个人如果在适宜的方式下受到更多的痛苦、灾难、挫折，他生命的枝头结出的果实将会比顺境中结出的果实更甜更香。

朋友们要明白，苦难是对一个人信念最好的磨炼，也是上天对一个人最特别的恩赐。只要你勇敢起来，战胜苦难，磨炼自己，就一定会成就一番事业。

找借口是最大的失败

美国前总统西奥多·罗斯福说："克服困难的办法就是找办法，而且，只要你找，就一定有办法。"没有什么改变不了的事情，有时候我们之所以觉得困难，觉得有些事情无法解决，往往是因为我们内心的懒惰在作祟。

一个人之所以总是为自己寻找借口，往往是因为他具有拖沓、懒惰、缺乏自信、没有责任心等等性格或者习惯上的缺点，而性格或者习惯上的缺点是一个人最大的敌人，它们时时处处影响和羁绊着一个人发展的脚步，阻止他的进步甚至会使他倒退。一个人要想战胜困难，应该首先战胜自己的弱点，一个连自己都无法战胜的人是无法战胜任何困难的。为自己的性格弱点找借口的人永远都不能正视自己的弱点，因此他就无法战胜自己。一个善于为自己找借口、不能战胜自己的人是最大的失败者。

罗斯福小时候时候长着一副暴露在外而又参差不齐的牙齿，人们见了他总要嘲笑他的牙齿。但是，罗斯福从来没有把别人的嘲笑放在心上，他从不因为自己的缺陷而自暴自弃。而恰恰是这些缺陷激励着他去奋斗，针对自己的缺陷——他努力加以改正。在演说中，他学会巧妙地利用他沙哑的声音、利用他那暴露在外的牙齿来说明问题，这些本来足以使演说一败涂地的缺陷，后来竟变成了使他获得巨大成功的不可缺少的条件。

经过不懈的努力，最终，他成了深受美国人民爱戴的总统。

美国前总统西奥多·罗斯福说："克服困难的办法就是找办法，而且，只要你找，就一定有办法。"没有什么改变不了的事情，有时候我们之所以觉得困难，觉得有些事情无法解决，往往是因为我们的内心在作祟，所以，这时候我们就会通过找借口来使自己的内心平衡，使自己觉得那些事情自己没有解决是理所应当的，最终，我们就真的因为那些"解决不了"的事情而失败了。

曾经，石油公司焊接石油罐都是先让石油罐在输送带上移动到旋转台上，然后焊接剂便自动滴下，沿着盖子滴一周，这样，石油罐盖就焊接好了，但是这样的焊接技术耗费的焊接剂很多。美国的一家石油公司一直想改造这项技术，但又觉得太困难，试过几次都没有成功也就放弃了。后来有一位青年到这家公司工作，他的主要任务就是巡视并确认石油罐盖有没有自动焊接好。而这位青年认为一定能找到改进焊接技术的办法，于是他每天都细心观察罐子的旋转，并思考改进的办法。

通过观察，他发现每次焊接剂滴落39滴，焊接工作便结束了。他突然想到：如果能将焊接剂减少一两滴，不就可以节约成本了吗？于是，他经过一番研究，终于研制出37滴型的焊接机。但是，利用这种焊接机焊接出来的石油罐并不十分完美，偶尔会有漏油的现象。那位青年并不灰心，又开始寻找新的办法，后来他研制出了38滴型的焊接机。这项技术非常完美，公司对他给予了很高的评价。因为，正是每焊接一个石油罐所节约的这"一滴"焊接剂给这家公司带来了每年5亿美元的新利润。这位青年，就是后来掌握全美制油业95％实权的石油大王——约翰·戴维森·洛克菲勒。

所以，一个人要想战胜困难，就先要战胜自己内心的障碍，使自己内心坚信没有什么解决不了的问题，这样，他才能放开思想去思考、放开手脚去实践，从而找到解决问题的办法。

同样，在工作中，我们要坚决改掉自己找借口的坏习惯，不让自己的思想和行动围于那些借口之中。战胜自己的懦弱、懒惰、拖延，面对困难的时候不为自己找任何借口，这样我们才能战胜更大的困难，最终走向事业的成功。

借口衍生拖延的坏习惯

那些习惯为自己找借口的人，最终都会形成拖延的习惯，而因为拖延他们无法按时完成工作，又会为自己找借口、编造各种理由，如此恶性循环也就形成了。

习惯为自己找借口会助长一个人拖延的坏毛病，而拖延的习惯则会影响一个人的工作，使他的工作不能按时保质保量地完成。在企业中，领导不会喜欢总是为自己找借口的员工，更不会喜欢拖延的员工，因为拖延是一个人工作进步的最大障碍，也是一个企业发展中最可怕的敌人。

拖延会导致一系列恶性后果。在企业中，一名员工对自己的工作，不管拖延多久，最后该他做的事情还是要自己去做，没有人会主动帮助他完成。而每拖延一分钟，他做这件工作的时间就会少一分钟，相应的，他的工作效率也就降低了，没有一个领导是喜欢工作效率低下的员工的。而且，这个拖延的过程中，由于他的拖延，导致工作时间紧迫，会使他的心理上产生很大的压力，最终他会疲惫不堪，以致没有足够的精力去很好地完成工作。

1989年3月24日，埃克森公司的一艘巨型油轮在阿拉斯加海域触礁，导致油轮上的大量原油泄漏，给周围的生态环境造成了很大的破坏，但是埃克森公司却一直拖延采取行动尽量减少原油泄漏造成的损失。以致引发了一场"反埃克森运动"，这件事情甚至惊动了当时的布什总统。

最后，埃克森公司因为这件事情给当地的海洋环境造成了巨大的破坏，公司也因为这件事情损失了几亿美元，而且因为他们的拖延行动使公司在人们心中的形象严重受损。

可见，拖延不仅会使自己遭受更大的损失，而且会降低一个人或者一个企业在公众心目中的形象，使人们对其失去信任，由此造成的损失将不可估量。

优秀的员工做事从不给自己找借口，从不拖延。在日常的工作中，他们知道自己的职责是什么，在领导交办工作的时候，他只有一个回答："是的，我立刻去做！"而工作态度懈怠习惯于为自己找借口的员工在面对领导交办的工作时，总是拖拖拉拉，或者为自己找这样那样的借口，行动力极差，最终误事误己。

这是美国独立战争时期的一个真实的故事：

曲仑登的司令雷尔命人送信给凯萨，报告他说华盛顿已经率领军队渡过了特拉华河。但是当信使把信送给凯萨时，他正在和朋友们玩牌，就把那封信放在了自己的衣袋里，等玩完牌以后才开始阅读那封信。

读完信后，他才知道大事不妙，然而，等他去召集军队的时候，已经太晚了。华盛顿已经率军赶到了凯萨的营地，最终，凯萨全军被俘，连自己的性命也丧失在敌人的手中。

解决拖延最好的办法就是不让拖延出现，遇到任何事情都要立即行动，不要像凯萨一样等到最后已经来不及的时候才开始行动。虽然，我们也许不会像凯萨一样因为拖延丢掉性命，但是，我们却会因为拖延丢掉自己的工作，甚至毁掉自己的前途。

那些习惯为自己找借口的人，最终都会形成拖延的习惯，而因为拖延他们无法按时完成工作，又会为自己找借口、编造各种理由，如此恶性循环也就形成了。更重要的是，他们的这种行为，其实就是在不断地进行欺骗，欺骗自己、欺骗领导。当然，这样的人不可能成为合格的员工，更不可能成为优秀的员工，他们对美好的人生的设想最终也都会成为虚无的"妄想"。没有任何公司会雇用拖延成习的员工，所以，那些拖延的人终其一生，都不会找到发挥自己才能的机会。

不要荒废你的专业

　　作为职场人，如果要避免被淘汰的命运，让自己有更好的发展，就要努力提升自己的专业技能，使自己成为那个不可或缺的人。

　　如果把职场比作战场，那么不同专业的人就是不同的兵种。在战场上，不同的兵种在作战中起着不可替代的作用，同样，在职场中，我们要利用自己的专业知识才能让自己在职场中变得"不可替代"。"永远不要荒废你的专业"，这是跨国企业的一条"军规"。

　　企业间的竞争，从某个意义上来说是人才的竞争，准确地讲，应该是专业人才的竞争。一个专业的人才，需要具备丰富的理论知识，更需要具备实践经验，三年、五年，甚至十年，才能真正培养出一个优秀的专业人才。所以，作为职场人，我们永远都不要荒废自己的专业，不要放弃自己成为"不可替代"的人的机会。

小张获得了计算机专业硕士学位，他顺利地找到了一份与自己的专业对口的工作——在一家IT企业做工程师，薪水颇丰。但是，工作以后他渐渐自满起来，工作的干劲少了，学习新知识、新技术的热情也没了，每天只是很被动地完成工作。

后来，公司新招了一个和小张同样学历的新人，在专业技术方面他丝毫不比小张差，因为，小张从毕业以后就几乎没有学习过与自己专业相关的新知识，和新毕业的人相比，他甚至还有些落后了。而且那位新人还考取了高级程序员的证书；工作干劲和学习热情都比小张更胜一筹。小张感到了竞争的压力，但是荒废了很多年的他很难再迎头赶上了，上司越来越器重那位新人，最后小张迫于压力不得不辞职了。

原本小张的专业与职业结合得很好，但是高薪、高职位让他骄傲自满，他以为只要凭借自己的专业知识就能胜任日常工作，就能永远保住既有的身价。殊不知任何行业对从业人员的知识和技术要求是在不断更新的，如果不能应对这种需要，那么职业人的职业竞争力就会下降，被后来居上者"打败"。所以，即便是有了高薪、高职位，不注意学习，也会被无情地淘汰，丧失来之不易的发展机会。

在职场上，如果你的发展跟不上职业的发展，那么你就会成为公司可有可无的人。因此，作为一名从业者，如果要避免被淘汰的命运，让自己有更好的发展，就要努力提升自己的专业技能，使自己成为"不可替代"的人。当别人有的能力你也具备，而你有的能力别人又没有的时候，你就成了"不可替代"的人，你也就有了拿高薪、坐高职位的资本。

有一次，一个化妆品公司的副总从一个调色师的工作台前路过，看到调色师正在调一种口红，于是随口说了一句："这口红的颜色看起来并不好看。"

这时候，那个调色师站起来说："第一，亲爱的副总，这个口红的颜色还没有完全定案，定案以后我会拿给您看，你可以到那时候再决定用还是不用。第二，亲爱的副总，我是一个专业的调色师，我有我独特的眼光，而且我相信我的眼光。第三，亲爱的副总，这个口红是给女人用的，而您是位男士。如果所有的女人喜欢你不喜欢，没有关系，如果这个颜色你喜欢，女人却不喜欢，那它就真的没有价值了。"

当时，周围的人们都以为调色师得罪了副总，肯定会受到训斥，但是这位副总却说："你让我看到了你专业负责的态度，我会向上级推荐你，希望你的这支口红能够大卖。"

可见，一个具有很高的专业技能的员工，在工作中会具有很强的自信心，他相信自己的能力并懂得利用自己的专业优势为企业创造更多财富，而企业需要的正是那些能够创造更多财富的人。

永远都不要荒废自己的专业，因为它是使你与众不同的标志，也是你成为企业"不可替代"的人的根本。不断丰富提高自己的专业水平能使一个员工在变化无常的环境中应付自如，取得其他不具备这种专业能力的人所无法取得的财富、机会和领导的重视。

带着热情去工作，不要找借口

不少人工作了一段时间之后，突然发现自己成了一个机器人，每天重复着单调的动作，处理着枯燥的事务。每天想的不是怎样提高工作效率，提升自己的业绩，而是盼望着能早点下班，期望着上司不要把困难的工作分配给自己。

这样的人，人生的目标只是想着过一天算一天。他们不断地抱怨环境、抱怨同事、抱怨工作，在工作中不思进取，在生活中不求上进，最终陷入职业的困境中。

要想摆脱这种职业困境，唯一的办法就是唤起自己的工作热情，带着热忱和信心去工作，全力以赴，不找任何借口。

热情是一种对人、事、物和信仰的强烈情感。一个充满工作热情的人，会保持高度的自觉，把全身的每一个细胞都调动起来，驱使自己完成内心渴望达成的目标。

　　热情无疑是人们最重要的秉性和财富之一，也是一个人生存和发展的根本，是人自身潜在的财富，只是这种热情往往会深埋在人们的心灵之中，等待着被开发利用。

　　美国知名商业界人士杰克·法里斯讲起他少年时的一段经历。

　　在杰克·法里斯13岁时，他开始在他父母的加油站工作。那个加油站里有三个加油泵、两条修车地沟和一间打蜡房。法里斯想学修车，但他父亲让他在前台接待顾客。

　　每当有汽车开进来时，法里斯必须在车子停稳前就站到司机门前，然后忙着去检查油量、蓄电池、传动带、胶皮管和水箱。法里斯注意到，如果他干得好的话，顾客大多还会再来。于是，法里斯总是设法多干一些，帮助顾客擦去车身、挡风玻璃和车灯上的污渍。

　　有段时间，每周都有一位老太太开着她的车来清洗和打蜡。这个车的车内地板凹陷极深，很难打扫。而且，这位老太太极难打交道，每次当法里斯给她把车准备好时，她都要再仔细检查一遍，让法里斯重新打扫，直到清除掉每一缕棉绒和灰尘她才满意。

　　终于有一天，法里斯实在忍受不了了，他不愿意再侍候她了。而他的父亲告诉他说："孩子，记住，这是你的工作！不管顾客说什么或做什么，你都要记住做好你的工作，并以应有的礼貌去对待顾客。"

父亲的话让法里斯深受震动。他说："正是在加油站的工作使我学到了严格的职业道德和应该如何对待顾客。这些东西在我以后的职业生涯中起到了非常重要的作用。"

对那些在工作中总是抱怨，寻找种种借口为自己开脱的人；对那些不能最大限度地满足顾客的要求，不想尽力超出客户预期提供服务的人；对那些工作没有激情，总是推卸责任，不知道自我批判的人；对那些不能出色地完成上级交付的任务，不能按期完成自己的本职工作的人；对那些总是挑三拣四，对自己的公司、老板、工作这不满意，那不满意的人，最好的救治良药就是：端正他的坐姿，然后面对他，大声而坚定地告诉他，"记住，这是你的工作！"

既然你选择了这个职业，选择了这个岗位，就要接受它的全部，而不是仅仅只享受它给你带来的益处和快乐。就算是有不尽如人意之处，那也是工作的一部分。所以，不要忘记工作赋予的荣誉，更不要忘记自己的责任和使命。

美国前教育部部长威廉·贝内特曾说："工作是需要我们用生命去做的事。"对于工作，我们又怎能去懈怠、轻视和践踏呢？我们应该怀着感激和敬畏的心情，尽自己的最大努力，把它做到完美。除非不想做了或已经垂垂暮年，否则，我们就没有理由不认真对待自己的工作。

法国邮政特快专递公司有个小伙子叫莱弗勒。他的工作很简单，就是和全世界几十万名快递员一样，去客户那里接收文件或包裹，并把它们送到目的地。很多人对这样的工作不屑一顾，这有什么，不就是做体力活嘛，能创造什么价值？然而莱弗勒的经历却给了有这样想法的人一个有力的回击。

无论刮风下雨，莱弗勒每天都会骑着他的摩托车穿梭于马赛的街头，当他接到客户电话说需要发送快递的时候，他会用最快的速度到达客户那里，敲门，问好，得到对方的容许，签好单据，取上包裹，和客户热情地挥手道别，骑上自己的摩托车，马不停蹄地又到另一家客户那里。时间久了，莱弗勒所负责地区的客户们送给他"摩托车上的信使"的称号。

莱弗勒不光能高质高效地完成客户给予的递送任务，更令人称奇的是，他几乎成了所有客户的"贴心人"。一次，莱弗勒去一个服装制作公司的老板——亨利先生那里取快递，亨利先生签完单据便和他闲聊了两句。莱弗勒突然想起了马赛的某个地方有一家新开的服装市场，于是便和这位老板说："亨利先生，我在热莫诺斯看到了一家新开的服装市场，不知道您有没有在那里开展业务？"亨利先生显然还不知道这个信息，于是他很惊喜地问了莱弗勒关于新开的服装市场的具体细节，莱弗勒给了他耐心的回答。莱弗勒离开前，这位老板一再向他表示感谢，因为莱弗勒提供的信息对他开展业务太有帮助了。从此，莱弗勒成了这家公司的指定快递员，公司职员都非常尊重和喜欢他。

几年里，这样的经历在莱弗勒身上屡见不鲜，他经常在接送客户包裹的时候，把自己所知道的一些信息和客户分享：当莱弗勒看到新的商铺在招租，就会把这样的信息稍带转告给相应的客户；莱弗勒得知政府要对某一条大街进行改造，也会告诉给经常要走这条大街的客户，提醒他们送货时选择走别的路线；莱弗勒还会和客户们分享路上见到的一些小趣闻，让客户在繁忙之余开怀一笑。总之，莱弗勒走到哪里，都会受到客户热烈的欢迎，客户们还经常写信或打电话给法国邮政特快专递公司表扬他。当莱弗勒休息不上班的时候，客户们甚至会因为别的快递员来服务而感到很不习惯。

在莱弗勒从事快递工作的第三个年头，他获得了"马赛市最受欢迎的市民"荣誉称号，并得到了市长的接见。这不仅对他个人而言是莫大的殊荣，对于他所在的快递公司也是一种荣誉。

人与人之间是会相互影响的，你的热情可以影响别人的情绪。一个满怀热情的人，能激发别人和他接触的兴趣，并且会让别人无法拒绝。当他表达热情时，同时也会散发迷人的活力。热情不仅能使一个有目标的渴望成功的人走向成功的目的地，而且能鞭策那些浑浑噩噩的人奋发努力地生活和工作。

等待机遇不如创造机遇

机遇是个神奇的东西，就像西方谚语说的那样：事实并非看上去的那样！你觉得偶然的成分很大，其实不然。可以说，每一个机遇都是靠自己去创造的、争取的，绝非空穴来风。那些看似水到渠成把握住了机会的人，看似是命运的幸运儿，倒不如说是一个主动出击的斗士，在残酷的环境中为自己的赢得了机会。

有一位才华横溢、技艺精湛的年轻画家，早年在巴黎闯荡时却默默无闻、一贫如洗。他的画一张也卖不出去，原因是巴黎画店的老板只寄卖名人大家的作品，年轻的画家根本没机会让自己的画进入画店出售。

成功似乎只是一步之遥，但却咫尺天涯。谁知过了不久，一件极有趣的事发生了。每天画店的老板总会遇上一些年轻的顾客热切地询问有没有那位年轻画家的画。画店老板拿不出来，最后只能遗憾地看着顾客满脸失望地离去。

这样不到一个月的时间，年轻画家的名字就传遍了全巴黎大大小小的画店。画店的老板开始为自己的过失感到后悔，多么渴望再次见到那位原来是如此"知名"的画家。

这时，年轻的画家出现在心急如焚的画店老板面前。他成功地拍卖了自己的作品，从而一夜成名。

原来，当满腹才华的画家口袋里只剩下十几枚银币的时候，他想出了一个聪明的方法。他花钱雇用了几个大学生，让他们每天去巴黎的大小画店四处转悠，每人在临走的时候都询问画店的老板："有没有他的画，哪里可以买到他的画？"给人造成一种紧俏的感觉。这个聪明的方法使画家声名鹊起，因此才出现了前面的一幕。

这个画家就是现代派大师毕加索。作为一个穷困潦倒的画家，毕加索为什么最后能够成功呢？其原因在于他在过去的岁月中，始终在寻找着成功的机会，他在寻找成功的过程中，总是时刻准备着，让自己保持最佳状态，以便机会出现时，可以紧紧地抓住，不让它溜走。

对成功者而言，机会无处不在。只要我们发现了机会，就应不失时机地充分调动自身资源，不放手，成功就是我们的。当然，这不仅在于成功者在寻常状态下对机会有全方位的嗅觉，还在于他们善于在没有机会的时候能创造机会。

的确，不是每一块金子在哪里都会发亮的，譬如，当它还埋在沙土中时。同样，也不是每一位有才华的人就一定会飞黄腾达。当机遇不至的时候，怨恨是无济于事的。这时，不妨学一学毕加索，动一动脑筋，想一个聪明的办法来创造自己的机会。那么，成功说不定也就不期而至了。

第八章

激发潜能，
你将遇见不一样的自己

培养一种积极的心态

　　这个世界上有很多成功的人，而成功人士的首要标志就是他的心态。如果一个人的心态是积极的，能乐观地面对人生，乐观地接受挑战和应付困难，那他就成功了一半。然而，并不是每个人都拥有一种积极的心态，尤其是那些刚踏入社会就遭遇了挫折的二十几岁的年轻人，往往容易陷于消极的心态之中，困住了自己的人生发展。为了二十岁以后能够拥抱成功，我们需要培养一种积极的心态。

　　如果你仔细观察、比较成功者与失败者的心态尤其是关键时刻的心态，你就会发现，不同的心态会导致人生出现惊人的不同。

　　著名的推销商比尔·波特在刚刚从事推销业时，屡受挫折，但他硬是一家一家地走下去，终于成了一名走街串巷的英雄。如今的他，成了怀特金斯公司的招牌。比尔·波特说："决定了要做的事情，要看到积极的一面，在没有实现它之前就要永远地勤奋下去。"

比尔出生时因为难产导致大脑神经系统瘫痪，这种紊乱严重影响了比尔的说话、行走和对肢体的控制。州福利机关也将他定为"不适于被雇用的人"，专家们则说他永远不能工作了。可是比尔在妈妈的鼓励下，开始从事推销员的工作。他从来没有将自己看成是"残疾人"。虽然一开始找了好几家公司都被拒绝了，但比尔坚持了下来，最后怀特金斯公司很不情愿地接受了他。

比尔第一次上门推销，反复犹豫了四次，才最终鼓足勇气摁响了门铃。开门的人对比尔推销的产品并不感兴趣，接着第二家，第三家……比尔的生活习惯让他始终把注意力放在寻求更强大的生存技巧上，所以即使顾客对产品不感兴趣，他也不会灰心丧气，而是一遍一遍地继续敲开其他人的家门，直到找到对产品感兴趣的顾客。3个月当中，比尔敲遍了这个地区所有的家门。他做成的每一笔交易，都是顾客帮助他填写的订单，因为比尔的手几乎拿不住笔。

每隔几个星期，他就打印出订货顾客的清单。由于只有一个手指能用，这项简单的工作要用去他10个小时的时间。深夜，他通常将闹钟定在4点45分，以便早点儿起床开始第二天的工作。

就这样，靠着积极乐观的人生态度，他已经走过了38个年头，他每天几乎重复着同样的路线，去从事推销工作。不论刮风还是下雨，他都背着沉重的样品包，四处奔波，那只没用的右胳膊则蜷缩在身体后面。出门14个小时后，比尔会筋疲力尽地回到家中，此时关节疼痛，而且偏头痛还时常折磨着他，但是他一点儿也不后悔。

一年年过去了，比尔所负责地区的家门一次次地被他敲开，他的销售额也随之渐渐地增加了。最终，在第24个年头，在他上百万次敲开一扇又一扇的门之后，他成了怀特金斯公司在西部地区销售额最高的推销员，同时也是推销技巧最好的推销员。

怀特金斯公司对比尔的勇气和杰出的业绩进行了表彰，他第一个得到了公司主席颁发的杰出贡献奖。在颁奖仪式上，怀特金斯公司的总经理告诉他的雇员们："比尔的成功告诉我们：一个有目标的人，只要用积极的态度投入到追求目标的努力中，勤奋地工作，那么就没有什么事情是做不到的。"

事实的确如此，生活中的失败者主要是心态、观念有问题。遇到困难时，他们只是挑选容易走的倒退之路。"我不行了，我还是退缩吧。"结果坠入失败的深渊。而成功者遇到困难，仍然保持积极的心态，用"我要！我能！""一定有办法"等积极的意念鼓励自己，于是便能想尽办法，不断前进，直至成功。可以说，我们的社会也正是依靠这些具有积极心态的人才不断前进的。

成功学的始祖拿破仑·希尔用他多年的理论研究也证明了这一点，他说，一个人能否成功，关键在于他的心态。成功人士始终用积极的思考、乐观的精神和辉煌的经验支配和控制自己的人生，而失败人士则是受过去的种种失败与疑虑所引导和支配，他们空虚、猥琐、悲观失望、消极颓废，最终走向了失败。

因心态消极而失败的人，他们认为，现在的境况是别人造成的，环境决定了他们的人生位置。但事实并非如此，如何看待人生，由我们自己决定。纳粹德国某集中营的一位幸存者维克托·弗兰克尔说过："在任何特定的环境中，人们还有一种最后的自由，那就是选择自己的态度。"

那么，我们该怎样培养积极的心态呢？

首先请记住，你的心态是你——而且只有你——唯一能完全掌握的东西，练习调整你的心态，并且利用积极心态来引导它。其次，你可以试着按照以下的方法去培养你的积极心态：

切断你和过去失败经验的所有关系，消除你脑海中和积极心态背道而驰的所有不良因素。

找出你一生中最希望得到的东西，并立即着手去得到它，借着帮助他人会得到同样好处的方法，去追寻你的目标。如此一来，你便可将多付出一点点的原则，应用到实际行动中去。

培养每天说或做一些使他人感到舒服的话或事，你可以利用电话、明信片或一些简单的善意动作达到此目的。例如给他人一本励志的书，就是为他带去一些可使他的生命充满奇迹的东西。日行一善，可永远保持无忧无虑的心情。

训练自己在每一次的不如意中，都能发现和挫折等值的积极面。务必使自己养成精益求精的习惯，并以你的爱心和热情发挥你的这项习惯，如果能使这种习惯变成一种嗜好，那是最好不过的了。如果不能的话，至少你应该记住：懒散的心态，很快就会变成消极的心态。

当你找不到解决问题的答案时，不妨帮助他人解决他的问题，并从中找寻你所需要的答案。在帮助他人解决问题的同时，你也能够洞察解决自己问题的方法。

参考别人的例子，提醒自己，任何不利情况都是可以克服的。虽然爱迪生只受过三个月的正规教育，但他却是伟大的发明家。虽然海伦·凯勒失去了视觉和说话能力，但她却鼓舞了数万人。

此外，对于善意的批评，应采取接受的态度，而不应采取消极的反应，接受他人如何看待你，并作一番反省，找出应该改善的地方，别害怕批评，要勇敢地面对它。和其他献身于成功原则的人组成智囊团，讨论你们的进程，并从更广博的经验中获取好处，务必以积极面作为基础进行讨论。

锻炼你的思想，使它能够引导你的命运朝着你希望的方向发展，要随时随地表现出真实的自己，因为没有人会相信骗子。还要相信无穷智慧的存在，它会使你产生为掌握思想和导引思想而奋斗所需要的所有力量。

相信你所拥有的解放自己并使自己具备自决意识的能力，并将这种信心作为行事基础，把它应用到工作上，现在就开始做。信任和你共事的人，但如果确认和你共事的人不值得你信任时，就表示你选错人了。

总之，虽然心态积极的人并不能保证事事成功，但心态消极的人则一定不能成功。拿破仑·希尔说，从来没有见过拥有消极心态的人能够取得持续的成功。即使碰运气能取得暂时的成功，那成功也是昙花一现，转瞬即逝。所以，请培养出一种积极的心态吧。

彻底觉醒，超越自我

生命最激动人心的事实之一就是，我们每天早上醒来，都能够重塑自我，做一个新人。不管昨天发生了什么，今天都是一个新的开始。虽然生活中存在斗争与挫折，但我们绝不能因此裹足不前。

人生在世，最大的敌人可能就是自己。我们难以把握机会，因为犹疑、拖延的毛病；我们容易满足现状，因为没有更高的理想；我们不敢面对未来，因为缺乏信心；我们未能突破，因为不想去突破；我们无法发挥潜能，因为不能超越自己！

要知道，昨天已经永远过去，今天，你可以重新选择，做你要做的人。这就需要你彻底觉醒，抓住机会，重塑自我。如果你希望成长与进步，那就必须每天都调整好自己的状态，让自己振奋，不然就会在充满竞争的世界中落伍。

有这样一个关于猴子的经典实验：

把五只猴子关在一个笼子里，笼子上面有一串香蕉。实验人员装了一个自动装置，一旦侦测到有猴子要去拿香蕉，马上就会有水喷向笼子，而这五只猴子都会弄得一身湿。

最开始，每只猴子都想去拿香蕉，结果每只猴子都被淋湿了。经过几次的尝试后，猴子们达成一个共识：不要去拿香蕉，以免被水淋湿。后来，实验人员把其中的一只猴子放出来，换进去一只新猴子。这只猴子看到香蕉，马上想要去拿。结果，被其他四只猴子打了一顿。因为它们认为新猴子会害得它们被水淋湿，所以制止它去拿香蕉。新猴子尝试了几次，总是挨打，却拿不到香蕉。之后，实验人员再把一只旧猴子释放，换上另外一只新猴子。这只新猴子看到香蕉，也是一如原来所发生的情形，结果总是被打得很惨，只好作罢。

后来，实验人员一只一只地把所有的旧猴子都换成了新猴子，它们都不敢去动那香蕉。它们都不知道这是为什么，只知道去动香蕉就会被其他猴子打。

据说这个实验是研究人类的道德起源的。但从这个实验所表现的结果来看，猴子们都是由于失败的经验而变得胆小害怕，不敢再越雷池一步。

我们说，超越自我必须要突破固有经验的束缚，给自己设定全力奋斗才能达到的全新目标。要不断地攀登，不断地跨越，追求生命的崭新高度。

一个小孩在看完马戏团的精彩表演后，随着父亲到帐篷外面拿干草喂刚刚表演完的动物。

这时，小孩注意到有一个大象群，就问父亲："爸爸，大象那么有力气，为什么它们的脚上只系着一条小小的铁链，难道它们真的无法挣开那条铁链吗？"

父亲笑了笑，解释道："是的，大象挣不开那条细细的铁链。因为在大象小的时候，驯兽师就是用同样的铁链来系住小象。那时候的小象，力气还不够大。小象起初也想挣开铁链的束缚，可是试过几次之后，知道自己的力气不足以挣开铁链，也就放弃了挣脱的念头。等小象长成大象后，它就甘心受那条铁链的限制，不再想逃脱了。"

正当父亲解说之际，马戏团里失火了，草料、帐篷等物品都被烧着了，大火迅速蔓延到了动物的休息区。动物们受火势所逼，十分焦躁不安，而大象更是频频跺脚，但仍然挣不开脚上的铁链。

凶猛的火势最终逼近了大象，其中一只大象已被火烧着，疼痛之余，它猛然一抬脚，竟轻易将脚上的铁链挣断，于是迅速奔逃到安全地带。有一两只大象见同伴挣断铁链逃脱，立刻也模仿它的动作，用力挣断铁链。但大部分大象却不肯尝试，只顾不断地焦急地转圈跺脚，最后被大火席卷，无一幸存。

其实，有什么样的勇气就有什么样的人生。被原有习惯束缚而心安理得的人，永远也不可能到达新的人生高度。

要拥有辉煌的人生，就必须有一个通过努力才能达到的、令你心动的、充满吸引力的长期目标，并在生命的每一个新的发展阶段，重新去审视和调整这个目标，追求一个全新的自我，然后全力以赴，去不断地超越自我，实现自己的梦想。

自我施压，将内心的潜能彻底唤醒

如果说需要是发明之母，那么，压力可以称为潜能之母。因为，压力有时会把人的潜能发挥到极致。

有两个人，各在一片荒漠上栽了一片胡杨树苗。树苗成活后，其中一个人每隔三天就挑起水桶，到荒漠中来，一棵一棵地给那些树苗浇水。不管是烈日炎炎，还是飞沙走石，那人都会雷打不动地挑来一桶一桶的水浇他的树苗。有时刚刚下过雨，他也会来，给他的那些树苗再浇一瓢。一位老人说，沙漠里的水漏得快，别看这么三天浇一次，树根其实没吸收到多少水，都从厚厚的沙层中漏掉了。

而另一个人相比之下就悠闲多了。树苗刚栽下去的时候，他来浇过几次水，等到那些树苗成活后，他就来得很少了，即使来了，也不过是到他栽的那片幼林中去看看，发现有被风吹倒的树苗就顺手扶一把，没事的时候，他就在那片树苗中背着手悠闲地走走。不浇一点儿水，也不培一把土。人们都说，这人栽下的树，肯定成不了林。

过了两年，两片胡杨树苗都长得有茶杯粗了。忽然有一夜，狂风从大漠深处卷着沙尘飞来，飞沙走石，闪电雷鸣，狂风撕卷着滂沱大雨肆虐了一夜。第二天风停的时候，人们到那两片树林里一看，不禁十分惊讶。原来，辛勤浇水的那个人的树几乎全被刮倒了，有许多树几乎被暴风连根拔了出来，林子里一片狼藉。摔折的树枝，倒地的树干，被拔出的一蓬蓬黝黑的根须，惨不忍睹。而那个悠闲的不怎么给树浇水的人的林子，除了一些被风扯掉的树叶和一些被折断的树枝，几乎没有一棵被风吹倒或吹歪。

大家都大惑不解，纷纷向这个悠闲的人请教："这老天有些太不公平了。那个人常给他的树施肥浇水，可他的那片树林，一夜之间就彻底被风暴给毁了。而你呢，把这些树苗栽好栽活后，就对它们不理不睬了。昨夜那么大的风暴，竟没有吹倒吹歪你的一棵树，难道这有什么奥妙吗？"

这个人听了，微微一笑说："奥妙当然有了。他的树这么容易就被风暴给毁了，就是因为他的树浇水浇得太勤，施肥施得太勤了。"

人们更迷惑不解了，难道辛勤为树施肥浇水是个错误吗？

这个人解释说："树跟人是一样的，对它太殷勤了，让它一直处于顺境中，就培养了它的惰性。经常给它浇水施肥，它的根就不往泥土深处扎，只在地表浅处盘来盘去。根扎得那么浅，怎么能经得起风雨呢？把它们栽活后，就不再去理睬它，地表没有水和肥料供它们吸取，就逼得它们不得不棵棵拼命向下扎根，恨不得把自己的根穿过沙土层，一直扎进地底下的泉源中去。有这么深的根，还用担心这些树轻易就被暴风刮倒吗？"

水不加压，上不了高山；人不加压，难以成长。因为，人人都有某种程度的惰性——懒散、拖延、得过且过。许多潜力与才能，常常被这些惰性给毁掉了。人生如逆水行舟，不进则退。所以，要给自己施加压力。如果没有压力，人们往往会放松对自己的约束或者习惯于迁就自己，对应该做的事情，总是迟迟下不了决心。

牧马人家的三匹小马渐渐长大了。一天，牧马人对小马们说："你们想不想长成驰骋天下的宝马良驹啊？"

"想！"三匹小马异口同声地回答。

牧马人微笑着说："好，那你们现在想要什么？"

"我想要一幅精美的辔头。"一匹小马说。

"我想要一幅漂亮合体的马鞍。"另一匹小马说。

"我想要一根皮鞭。"第三匹小马说。

"皮鞭？"牧马人和其他两匹小马都吃了一惊。"因为我知道，不论是谁都有惰性，有了皮鞭的时时鞭策，我就会克服惰性，从而踏上纵横天下的征程。"第三匹小马回答。

最后，第三匹小马果真成了一匹真正的宝马良驹。

现实生活中的众多实例证明：人越是在压力大、处境难、事务多的情况下，越能干出成绩、成就事业。究其原因，鞭策使然。

如果你是一个有上进心、有远大抱负的人，那么无论是工作的高标准，还是领导的严要求，或是形势的紧迫性，对你而言都是一种鞭策，而鞭策既是压力也是动力。正是因为有了这些鞭策，才不断推动你去学习和工作，去完成一个个看起来很难但经过努力却终能完成的任务。在这个过程中，你便得到了锻炼，得到了升华，得到了超越，从而实现了自己的人生价值。

人一旦无所事事，没有压力、没有鞭策，就会懈怠下来，就会不思进取、得过且过，最终就会一事无成。

当然，人不会时时都处于有压力、有动力的境况下，所以要学会自我加压、自我鞭策。如果我们能时常鞭策自己，努力提高思想和业务素质，就能为自己赢得更加广阔的舞台。

自我施压，能强迫自己改掉不良的习惯，同时也是个自我调整和提升的过程。自我施压，等于给自己安上了一个"驱动器"。借助于这个驱动器，就能促使你冲破层层阻力，闯过道道难关，成就一番事业。

否定当下的自己，在挑战极限中实现超越

　　不断否定自己其实是对自己的一种心理认可和自信，也是一个不断认识自己的心理过程。一个人只有对自己形成正确的认识，知道自己是一个什么样的人，能够做什么，不能做什么，他才能做自己的主人，对事情独立地做出判断和采取行动；才能够不怕否定、批评和指责，凡事拥有自己内在的标准；才能够不寻求赞许，不为了单纯地得到赞许而丧失自我；才能够不停留在现在的安全感里，敢于展现勇气去超越自我。

　　鹰是世界上寿命最长的鸟类，它可以活70年。但要度过搏击长空70年的峥嵘岁月，在40岁的时候，它必须做出艰难却非常重要的一次抉择。

　　40岁的老鹰爪子已经老了，无法有力地抓攫猎物，喙变得又

长又弯，几乎碰到胸膛。羽毛长得又浓又厚，翅膀十分沉重，飞翔十分吃力。这个时候，它只能有两种选择：或者等死，或者经过一个十分痛苦的蜕变过程。

后一种选择要经过150天漫长的重新修炼。它必须飞到山顶悬崖上筑一个巢，停留在那里，不再飞翔。

老鹰首先用它的喙击打岩石，直到完全脱落，然后静静地等候新的喙长出来。它会先用新长出的喙把指甲一根一根地拔出来，当新的指甲长出来后，它们便把羽毛一根一根地拔掉。

5个月以后，新的羽毛长出来了，再过若干年，老鹰又可以重新在高空自由翱翔了！

无独有偶，传说中有一种神鸟。名叫凤凰。神鸟天生尊贵，性情刚烈坚毅，不论遭遇怎样的艰难险阻，磨难过后，总是可以在一片火焰的灰烬中得到重生，生生不息。

当然，否定自己不仅是痛苦的，而且有时也会令自己难堪。但敢于否定自己，能够使人成熟，会让你赢得更多的尊重。对领导者来说，勇于否定自己，更是一种胸怀的体现和睿智的选择。

一代文豪巴金能够在垂暮之年与自己进行"心灵对话"，向世人展示人生旅程中曾经的败笔。这不仅没有损害他的形象，相反更增添了世人对他的敬重。

哈佛大学校长讲过一段自己的亲身经历：

有一年，校长向学校请了三个月的假，然后告诉家人：不要问我去什么地方，我每个星期都会给家里打个电话报平安。

校长只身一人去了美国南部的农村，尝试着过另一种全新的生活。在农村，他到农场去打工，去饭店刷盘子。在田地做工时，背着老板吸支烟或和自己的工友偷偷说几句话，都让他有一种前所未有的愉悦。最有趣的是最后他在一家餐厅找到一份刷盘子的工作，干了四个小时后，老板把他叫来，跟他结账。老板对他说："可怜的老头，你刷盘子太慢了，你被解雇了。"

"可怜的老头"重新回到哈佛，回到自己熟悉的工作环境后，却觉得以往再熟悉不过的东西都变得新鲜有趣起来，工作对他而言成了一种全新的享受。

这三个月的经历，像一个淘气的孩子搞了一次恶作剧一样，新鲜而有趣。原本洋洋自得甚至能"呼风唤雨"的哈佛大学的校长，自己原本认为的博学与多才，在新的环境中却是一文不值。更重要的是，回到一种原始状态以后，就如同儿童眼中的世界，也不自觉地清理了原来心中积攒多年的"垃圾"。

的确，学无止境，我们只有定期给自己复位归零，清除心灵的污染，才能更好地享受工作与生活。在攀登者的心目中，下一座山峰才是最有魅力的。攀越的过程，最让人沉醉，因为这个过程充满了新奇和挑战，而谦逊的心态将使你的人生渐入佳境。

　　所以，请不要甘于平凡，懒于追逐。拿出你的魄力，去挑战更大的困难，会使你收获更多的笑脸，使你的人生增添更多的色彩。

　　如果你已经处于事业的转折关头，或者你对自己还不满足，希望有一个崭新的未来，请不要浑浑噩噩，要认真重新盘点一下自己：

　　请抽出一天的时间，用于回顾和思考，并谋划你的新事业。要避开一切干扰，不要让人打断你的思路。你可以做下面的选择，无论你是订下一个宾馆的房间，还是去野外的河岸，或是关闭在书房里，都可以。但你要郑重其事，在心灵里把这件事作为你为自己埋葬过去、开启未来举行的一个仪式。

　　然后，积极研究你的激情、才干、经验、不足、伙伴。你要在这五个方面的分析中找到全新的自我，找到全新的道路，直到通往事业的新巅峰。

你无法事事顺利，但可以事事尽力

我们都听过这样的话：你不能延长生命的长度，但你可以扩展它的宽度；你不能控制风向，但你可以改变帆向；你不能改变天气，但你可以左右自己的心情；你不可以控制环境，但你可以调整自己的心态。

积极的心态会带来积极的结果，保持积极的心态，你就可以控制环境，反之环境将会控制你。要想拥有一个积极的心态，就要学会积极的思考。一般来说，人的视觉和思维都是有盲点的，看见消极的一面就看不见积极的一面，所以我们要像调台的旋钮一样把它调到积极的位置，经常阅读和进行积极的心理暗示将有利于你拥有一个积极的心态，有利于我们铲除恐惧和自卑感。

可以说，成功人士与常人之间的最大区别就是心态不一样，思维模式不一样。身处这个多变的环境中，你唯一能控制的就是你的心态。

　　哈里在美国海岸警卫队服役的时候就爱上了创作，但不知为什么，他总不能写出让人满意的作品。哈里认为，他必须先有了灵感才能写作。所以，他每天都必须等待"情绪来了"，才能坐在打字机前开始工作。

　　不言而喻，要具备这个理想的条件并不容易。因此，哈里很难感到有创作的欲望和灵感。这使他更为情绪不振，也越发写不出好的作品。每当哈里想要写作的时候，他的脑子就变得一片空白，这种情况使他感到害怕。为了避免瞪着白纸发呆，他就干脆离开打字机。他去收拾一下花园，把写作暂时忘掉，心里马上就好受些。他也尝试着用其他办法来摆脱这种心境，比如去打扫卫生间或者去刮刮胡子。

　　但是，对于哈里来说，这些做法还是无助于他写出好的文章来。后来，他偶尔听了作家奥茨的经验，觉得深受启发。奥茨说："对于'情绪'这种东西，你千万不能依赖它。从一定意义上来说，写作本身也可以产生情绪。有时，我感到疲惫不堪，精神全无，连5分钟也坚持不了。但我仍然强迫自己写下去，而且不知不觉地，在写作的过程中，情况就完全变了样。"

　　哈里认识到，要实现一个目标，你必须待在能够实现目标的地方才行。要想写作，就非在打字机前坐下来不可。在卫生间或花园里，永远都写不出什么。

经过冷静地思考，哈里决定马上行动起来。他制订了一个计划，把起床的闹钟定在每天早晨七点半，到了八点钟，他便可以坐在打字机前。他的任务就是坐在那里，一直坐到他写出东西为止。如果写不出来，哪怕坐一整天，也决不动摇。他还订了一个奖惩办法：每天写完一页纸才能吃饭。

第一天，哈里忧心忡忡，直到下午两点钟他才打完一页纸。第二天，哈里有了很大进步，坐在打字机前不到两小时，就打完了一页纸，较早地吃上了饭。第三天，他很快就打完了一页纸，接着又连续打了五页纸，这才想起吃饭的事情。

经过了长达12年的努力，他的作品终于问世了。这本仅在美国就发行了160万册精装本和370万册平装本的长篇小说，就是我们今天读到的经典名著——《根》，哈里因此获得了美国著名的"普利策奖"。

如果我们从小就知道，做好任何事都必须付出艰辛，那么我们就不会害怕困难，就不会在遇到挫折时轻易放弃。

做事情要拥有明确的目标，因为做任何事情都积极主动可能会分散你的精力——有所取舍是智慧的体现。另一方面，你也会发现为了重要的目标而积极主动，意愿会更强烈，动力也更大，更有可能成功，并进入良性循环。

无论是工作还是生活，不可能样样顺心，故事的开头和结局往往南辕北辙，生活就是问题叠着问题，就像是突发事件一样，未必给你准备，你唯一能做的就是迎接它。

虽然不能样样顺心，但我们可以事事尽力，不能只往上看，有时候，也要看看脚下。青春最残酷的地方在于只有一次，因此，年轻人可以有失败和痛苦，但不能有遗憾。不管是工作还是生活，都需要我们百分之百认真、积极、乐观地投入。只有这样，我们才不会为失败而感到难过，因为我们曾经努力过，也只有这样，我们才能变得更强，才能从平凡走向伟大。借用保尔·柯察金所说的一句话，"人最宝贵的东西是生命，生命属于人只有一次。人的一生应该是这样度过的：当他回首往事的时候，他不会因为虚度年华而悔恨，也不会因为碌碌无为而羞耻。"

在这个世界上，有着多个面孔。不管处在何种境界，都要对生活充满信心，树立乐观的生活态度。追求成功的道路是艰难的。失败了，就把失败当成是磨炼自己的精神意志的宝贵财富；生病时，应该庆幸自己还依然活着；贫穷时，要感恩自己还拥有亲人；孤独时，可欣慰自己还拥有朋友。

做人和处事，你不能企望事事顺利，但可以做到事事尽力。你没有权利控制他人，但可以牢牢地把握自己。你没有辉煌的昨天，但可以拥有踏实的今天，更可以创造理想的明天。

将自己逼到绝路，让你的潜能无限涌出

一个人的成就大小往往取决于他所遇到的困难的程度。竖在你面前的栏杆越高，你跳得也越高。因此，适时地将自己逼到绝路，你的潜能将无限涌出，做出非凡的成就。

一位名叫阿费烈德的外科医生在解剖尸体时，发现了一个奇怪的现象：那些患病器官并不如人们想象的那样糟糕。相反，在与疾病的抗争中，为了抵御病变，它们往往要比正常的器官机能更强。

最早的发现是从肾病患者的遗体中发现的。当他从死者的体内取出那只患病的肾时，他发现那只肾要比正常的大。当他再去分析另外一只肾时，他发现另外一只肾也大得超乎寻常。在多年的医学解剖过程中，他不断地发现包括心脏、肺等几乎所有人体器官都存在着类似的情况。

他为此撰写了一篇颇具影响的论文,从医学的角度进行了分析。他认为,患病器官是因为和病毒做斗争而使器官的功能不断增强。假如有两只相同的器官,当其中一只器官死亡后,另一只器官就会努力承担起全部的责任,从而使健全的器官变得强壮起来。

此外,他在给美术专业的学生治病时又发现了一个奇怪现象,这些搞艺术的学生的视力大不如常人,有的甚至还是色盲,阿费烈德便觉得这就是病理现象在社会现实中的重复。接下来,他把自己的思维触角延伸到广泛的层面。

在对艺术院校教授的调研过程中,结果与他的预测完全相同。一些颇有成就的教授之所以走上艺术道路,原来大都是受了生理缺陷的影响——缺陷不是阻止了他们,反而促进他们走上了艺术道路。

阿费烈德将这种现象称为"跨栏定律",即一个人的成就大小往往取决于他所遇到的困难的程度。

同样,在人的天性中,有一种神赐的力量。这种力量是不能形容、不能解释的,它似乎不在普通的感官中,而隐藏在心灵深处。

一旦处境危急时,这种力量就会爆发出来,使我们得救。在交通事故中,面临死亡威胁时,不论是谁,都会竭尽全力从险境中挣脱。在海难、火灾、洪水中，常常看到纤弱的女性们执行艰巨的任务。平时，人们会认为她们不可能承担。但面临险境时，她们创造了奇迹。

是那些潜藏在内心深处的精神力量，是那些在日常生活中不曾唤起的精神力量，使凡人成为巨人。可见，每个人都有潜能，但必须是在把自己逼到绝路的时候，自身的潜能才能被激发出来。

一个农夫在山上拣到一只小鸟，一只很小很丑陋的鸟。农夫可怜它，就把它带回了家，跟其他小鸡一样，靠鸡妈妈喂养。渐渐的，小鸟长大了，农夫这才发现它原来是一只雄鹰，于是农夫就担心它吃鸡，想把它放飞。可是由于小鹰从来没学过飞，怎么也飞不起来，这可把农夫难坏了。正在这时，来了一个智者，他把小鹰带到悬崖边上，使劲儿把小鹰往悬崖下边摔下去。刚开始时，小鹰急速下落，当快到崖底时，小鹰终于飞了起来，由此我们可以看到，若不是那个智者，小鹰恐怕一辈子也飞不起来了。

有危机才有动力。所以，我们不能给自己留后路，而要把自己逼到绝路上。这样，我们才会发挥自己的潜能，取得奇迹般的成绩。

可以说，每一个人都能成功，只是敢不敢成功的问题。

我们发现，那些真正意识到自己力量的人会永不言败。对于一颗意志坚定、永不服输的心来说，永远不会有失败。他会跌倒了再爬起来，即使其他人都已退缩和屈服，而他永不。

有多少次困难临头，开始以为是灭顶之灾，感到恐惧，受到打击，似乎无法逃脱，胆战心惊。然而，突然间我们的雄心被激起，内在力量被唤醒，结果化险为夷。

来看一个我们很熟悉的故事：

韩信的部队要通过一道极狭的山口，叫井陉口。赵王手下的谋士李左车主张一面堵住井陉口，一面派兵抄小路切断汉军的辎重粮草。韩信的远征部队没有后援，就一定会败走。但大将陈余不听，仗着兵力优势，坚持要与汉军正面作战。韩信了解到这一情况，非常高兴。他命令部队在离井陉三十里的地方安营，到了半夜，让将士们吃些点心，告诉他们打了胜仗再吃饱饭。随后，他派出两千轻骑从小路隐蔽前进，要他们在赵军离开营地后迅速冲入赵军营地，换上汉军旗号，又派了一万军队故意背靠河水排列阵势来引诱赵军。

到了天明，韩信率军发动进攻，双方展开激战。不一会儿，汉军假意败回水边阵地，赵军全部离开营地，前来追击。这时，韩信命令主力部队出击，背水结阵的士兵因为没有退路，也回身猛扑敌军。赵军无法取胜，正要回营，忽然营中已插遍了汉军旗帜，于是四散奔逃。汉军乘胜追击，打了一个大胜仗。

　　在庆祝胜利的时候，将领们问韩信："兵法上说，列阵可以背靠山，前面可以临水泽，现在您让我们背靠水排阵，还说打败赵军再饱饱地吃一顿，我们当时不相信，然而竟然取胜了，这是一种什么策略呢？"

　　韩信笑着说："这也是兵法上有的，只是你们没有注意到罢了。兵法上不是说'陷之死地而后生，置之亡地而后存'吗？如果是有退路的地方，士兵都逃散了，怎么能让他们拼命呢！"

　　成就大业的人，面对困难时从不犹豫徘徊，从不怀疑是否能克服困难，他们总是能紧紧抓住自己的目标，坚持不懈地努力，直到获得最后的成功。